ENKI

Saggistica

30

Via Giosuè Carducci, 37 - 46041 Asola (MN)
gilgameshedizioni@gmail.com - www.gilgameshedizioni.com
Tel. 0376/1586414

ISBN 978-88-6867-583-7

In copertina: Progetto grafico di Dario Bellini.

Si ringrazia Ermanno Ciani per la preziosa collaborazione.

Cesare Pirozzi

LA NATURA DELLE COSE

Ciò che Platone sapeva ed Einstein non riuscì mai a capire

Gilgamesh Edizioni

Penso che la fisica moderna abbia optato definitivamente per Platone. Infatti, le piccolissime unità di materia non sono oggetti nel senso comune della parola; sono forme, strutture, o - in senso platonico - idee, di cui possiamo parlare senza ambiguità soltanto nel linguaggio matematico.

Werner Heisenberg

Io devo rassomigliare ad uno struzzo che nasconde continuamente la sua testa nella sabbia relativistica per non avere da guardare in faccia questi cafoni quanti.

Albert Einstein

Preludio

Non è un gran bel momento per l'umanità.

Siamo riusciti a provocare una piccola alterazione climatica: quasi un grado in più di temperatura media nel secolo scorso, più di due – si prevede – nel corso di questo. Non molto, ma quanto basta a causare cambiamenti ambientali e demografici certamente gravi e forse tragici.

Per farlo è bastato essere stupidi.

Ma non è questa l'unica crisi del mondo d'oggi. Altri motivi di giustificata apprensione sono i conflitti, più o meno cruenti e crudeli ma sempre difficilmente sanabili, in tante parti del pianeta e la diffusa involuzione della politica, sinistramente simile ad infelici e non lontani precedenti storici. C'è un crescente squilibrio economico tra i pochi sempre più ricchi e la moltitudine dei poveri, sempre più poveri. C'è poi la vulnerabilità che l'attuale pandemia ci ha fatto scoprire (o riscoprire) dimostrando come piccoli e primitivi grumi di materia organica possano sconvolgere la nostra presuntuosa civiltà. Per non parlare, infine, della soggezione agli strumenti informatici e del traffico di dati personali usati - non senza successo – sia a fini di lucro, sia per influenzare e orientare le scelte politiche.

Non si può certo dire che questo sia il migliore dei mondi possibili.

Per nostra fortuna, seppure con minor clamore, siamo nel mezzo di una svolta epocale, che riguarda la conoscenza ed è, al contrario, affatto positiva. Di questa si è meno consapevoli, sebbene sia importante e possa farci meglio capire la natura del mondo in cui viviamo e, per certi versi, chi noi stessi siamo.

Paradossalmente, siamo ben consci degli aspetti negativi dell'attuale momento storico, ma molto meno delle possibilità e delle prospettive positive che questo ci offre.

Eppure avremmo un gran bisogno di saperne di più: infatti, questa nuova conoscenza può contribuire a salvarci, restituendo la giusta dimensione a quei miti di progresso tecnologico ed economico che ci hanno portato sull'orlo del baratro nel quale, in assenza di rimedi efficaci, ci faranno precipitare. Può sembrare un'affermazione eccessiva e difficile da accettare, ma datemi la possibilità di spiegarmi, prima di chiudere la porta a questa diversa e meravigliosa prospettiva.

Per meglio intenderci sarà opportuno andare indietro nel tempo fino agli albori della storia, per poi tornare all'oggi e proiettarci verso il futuro esplorando i frutti del pensiero umano.

Le conoscenze che questo ha raggiunto sulla natura delle cose[*]*, cioè sull'intima essenza della realtà, sono infatti molto più importanti e rivoluzionarie dei risultati tecnologici che segnano così profondamente il mondo moderno e il nostro stile di vita, e ripropongono in una nuova chiave le domande che da sempre l'umanità si pone: chi siamo, da dove veniamo, dove andiamo?*

---

[*] *De Rerum Natura* (Sulla natura delle cose) è la semplice ed incisiva espressione usata da Lucrezio, con riferimento alla realtà vera della materia e del mondo, uomo compreso (Tito Lucrezio Caro: *De rerum natura*, a cura di Alessandro Schiesaro, Traduzione di Renata Raccanelli, note di Carlo Santini, Torino, G. Einaudi, 2003, Collana "I millenni"),

I

La nascita del pensiero filosofico e scientifico

Da quando gli esseri umani si interrogano sulla *natura delle cose*?

Non lo sappiamo con certezza, ma sembra che abbiano cominciato ad avere sistemi di pensiero complessi ed evoluti, mediante i quali tentare di comprendere il senso e l'essenza della realtà, attorno al VI secolo a. C.: da allora, potremmo dire, è nato l'uomo moderno, che non si limita più a vivere, ammirare il cielo stellato e cercare di propiziarsi le forze visibili e invisibili della natura, ma si chiede il perché di tutto ciò che lo circonda.

In quel secolo viveva in Cina un saggio di nome Li Er, meglio conosciuto come Lao zǐ[1] (cioè Venerabile o Vecchio Maestro). Egli fondò – o per lo meno ordinò in un insieme coerente – il sistema di pensiero noto come taoismo. Ne ha raccolto i principi nel *Dàodéjīng* (Il libro della via e della virtù), che ha influenzato e continua ad influenzare la cultura cinese in tutte le sue espressioni da oltre due millenni. Suo allievo fu Confucio (Kǒng Fū zǐ), al cui insegnamento la vita civile cinese si è ispirata fin quasi ai nostri giorni[2].

Nello stesso secolo, a molte migliaia di chilometri di distanza, viveva in Europa un altro grande pensatore di nome Pitagora, fondatore di una scuola matematica, scientifica e filosofica, che fece del sud Italia il principale centro culturale dell'occidente, almeno *pro tempore*. Egli coniò il termine

---

[1] La prima traccia storiografica di Lao zi risale allo *Shiji*, o *Memorie Storiche*, di Sīmǎ Qiān, di pochi secoli posteriore: S. Qiān, *Memorie storiche*, trad. Vincenzo Cannata, Milano, Luni Editrice, 2017, cap. 1, p. 52.

[2] A. Cheng, *Storia del pensiero cinese*, vol. 1, Torino, Einaudi, 2001, p. 44.

filosofia[3] per indicare quell'insieme di studi, riflessioni ed indagini speculative che ancor oggi così chiamiamo e diede un grande impulso a molte discipline, dalla geometria all'etica, dalla musica alla politica; diede, inoltre, un insegnamento esoterico che è rimasto in buona parte sconosciuto. Con lui nasceva la filosofia greca e, con questa, la filosofia del mondo occidentale e, probabilmente, anche la scienza per come oggi la intendiamo[4].

Per entrambi questi antichi saggi il pensiero umano tendeva a comprendere la radice universale di tutte le cose e la loro scuola offriva una chiave che potesse aprire (almeno secondo le intenzioni) tutte le porte del sapere: dalla matematica alla medicina, dallo studio della natura (la fisica) alla ricerca dell'assoluto (la metafisica).

In effetti, l'umanità di quella lontana epoca aveva una grande fiducia nei propri mezzi. Desiderava comprendere la *natura delle cose* non accontentandosi della loro semplice apparenza, e serenamente riteneva di poterlo fare.

Troppo presuntuosi gli uomini di quel tempo? Forse no, se si considerano i risultati artistici, culturali e scientifici delle loro civiltà. I primi sono a tutti ben noti e da tutti ammirati; molto meno quelli scientifici, anzi troppo spesso tendiamo a dimenticarli. Ad esempio, i nostri antenati seppero calcolare con grande precisione le dimensioni del pianeta terra: sapevano benissimo che la terra è rotonda (concetto diffuso e consolidato nella cultura greca duemila anni prima del viaggio transoceanico di Colombo) e l'avevano misurata usando l'ingegno e la geometria, facendo a meno dei moderni strumenti tecnologici[5]. Conoscevano le orbite apparenti dei corpi celesti,

---

[3] φιλοσοφία, cioè amore per la conoscenza.

[4] "Non so di nessun altro uomo che abbia avuto altrettanta influenza nella sfera del pensiero": B. Russell, *Storia della filosofia occidentale,* vol. I, Milano, TEA, 2014, p. 49.

[5] D. W. Roller: *Eratostene's Geography*, Princeton, Princeton University

la precessione degli equinozi, l'anno precessionale (o anno platonico) e il periodismo delle eclissi; costruirono il primo calcolatore analogico della storia (la macchina di Anticitera[6]), con funzioni di calendario solare e lunare e capace di prevedere la data delle eclissi; ci hanno fatto dono della matematica, dell'agopuntura e della farmacologia[7], ed hanno messo a punto straordinarie tecniche metallurgiche ed architettoniche. Furono scienziati oltre che artisti e filosofi, anche se tendiamo, con un po' di spocchia, a dimenticarlo.

Emblematica di quella cultura e di quella fiducia è l'opera di Aristotele, che trattò di fisica, scienze naturali, etica, logica, metafisica, poetica e politica. Chi ama la conoscenza – il filosofo – esplora tutto lo scibile, avendo come principale strumento l'intelletto, potenziato ed affinato dal metodo proprio di ciascuna scuola filosofica.

Press, 2010.

[6] T. Freeth, Y. Bitsakis et al., *Decoding the ancient Greek astronomical calculator known as the Antikythera Mechanism*, Nature, vol. 444, n. 7119, 30 novembre 2006, pp. 587–91.

[7] La cultura taoista fa risalire addirittura al III millennio a.C. lo studio delle erbe medicinali (*Classico sulle Radici di Erbe del Contadino Divino*, attribuito a Shennong, uno dei mitologici patriarchi dell'antica Cina); la conoscenza di efficaci erbe medicinali, tuttora in uso nella medicina tradizionale cinese, era certamente consolidata all'epoca di Lao zi. L'efficacia di molte di queste è riconosciuta da moderni studi sperimentali e clinici. La tradizione vuole che Shennong assaggiasse le erbe per scoprirne gli effetti: un simbolico paradigma del metodo empirico.

II

Le contraddizioni della filosofia e il suo ridimensionamento

Altrettanto significativo è che la riflessione filosofica di quel lontano passato abbia generato i tre principali punti di vista con i quali il pensiero ha continuato a confrontarsi nei millenni successivi: il materialismo, secondo il quale soltanto la materia esiste ed è eterna (l'atomismo di Democrito); l'idealismo, che considera la materia come ingannevole apparenza ma reali le idee, da cui tutto deriva (Platone); lo scetticismo, secondo il quale la verità non è in alcun modo conoscibile (Pirrone) e dunque i filosofi sono inutili, se non per insegnare a non farsi illusioni.

Ma proprio questo – ahinoi! – è il grande scoglio della filosofia: che da sempre ha condotto a conclusioni diverse e inconciliabili. Pur nascendo da una completa fiducia nell'intelletto, ne dimostra i limiti e quasi lo sconfessa, nella misura in cui essa stessa ottiene, infine, risultati così contrastanti.

Avendo ben assimilato una così forte contraddizione, il pensiero moderno sembra disinteressarsi dell'ambizioso obiettivo di quello antico e, in generale, più non si preoccupa di indagare la *natura delle cose*, cioè il senso ontologico della realtà. Una volta accettata la tradizionale distinzione tra fenomeno (ogni fatto o evento suscettibile di osservazione) e noumeno (l'essenza pensabile della realtà in sé), oggi si tende a credere che soltanto il primo possa essere oggetto di studio; il noumeno – inconoscibile per sua stessa o forse nostra natura – è uscito, a quanto pare, da ogni campo di indagine filosofica.

Pertanto la filosofia è oggi molto più povera e sembra aver perso le sue più alte ambizioni: il pensiero, che duemilacinquecento anni fa si presentava sulla scena del mondo in tutta la sua potenza, è ora diventato un pensiero debole[8]. La filosofia più non comprende – come per Aristotele – fisica e metafisica. La prima è diventata una scienza autonoma, con le sue proprie regole (il metodo scientifico), da cui la filosofia è stata esclusa; ormai adulta, ha abbandonato la casa in cui era nata, per vivere in completa autonomia. La seconda è uscita di scena perché non ancorabile a basi certe o comunque verificabili; il pensiero speculativo se ne disinteressa, lasciando di fatto lo studio dell'assoluto nelle mani delle religioni e, quindi, di dottrine che si pongono al di fuori del suo ambito, essendo radicate in una qualche forma di rivelazione, per definizione non criticabile.

Forse il genere umano sembra oggi accontentarsi di sapere come funzionano le cose o, più semplicemente, di come servirsene, del tutto indifferente al problema della loro natura, e sembra essere disinteressato a ciò che non è materialmente utile o, almeno, concreto e tangibile.

Forse per questo stiamo lasciando che la tecnologia – del tutto indipendente dall'approfondimento delle ragioni e delle finalità, ma fin troppo dipendente dai fattori economici – invada più del dovuto o del lecito la nostra vita e tenda a distruggere il mondo in cui viviamo: che diventi da serva padrona e, purtroppo, una padrona dispotica, persino distruttiva.

Ma è davvero inevitabile questa rinuncia a ciò che tanto interessava i nostri avi? O vi sono strade finora sconosciute o dimenticate per accedere con il pensiero – un pensiero forte e razionale – a ciò che, finora, consideravamo inesplorabile?

---

[8] La definizione non è mia: cfr. G. Vattimo e P. A. Rovatti, *Il pensiero debole*, Milano, Feltrinelli, 2010.

III

La duplice rivoluzione della fisica moderna: dalla ricerca sperimentale ai quesiti filosofici, dalla razionalità al paradosso

Tra la fine del secondo e questo terzo millennio sta verificandosi nel pensiero umano un cambiamento, alternativo a questo timido minimalismo filosofico, tendente quasi a ricongiungerci con quell'ambizioso esordio. È un cambiamento per nulla appariscente, anzi è poco conosciuto e pochissimo se ne discute, come tutto ciò che non è molto presente nei moderni mezzi di comunicazione.

Per altro, si direbbe che non sia stato cercato né voluto, ma piuttosto trovato nel corso di ricerche che, per loro stessa natura, miravano ad altri obiettivi. È infatti il progredire della scienza che, senza troppo scalpore, ci sta portando a comprendere le radici più profonde dei fenomeni fisici, fino a sconfinare – insensibilmente e senza volerlo – nell'ambito della metafisica.

Oggi non è più il pensiero filosofico a tentare di comprendere il fondamento ontologico[9] della manifestazione; è la scienza stessa a portarci oltre i confini della realtà fenomenica. La scienza, che si applica in prima istanza alla realtà fenomenica, nel corso delle sue indagini si è imbattuta in un livello più profondo dei fenomeni fisici e vi è, in certa misura, penetrata, giungendo a formulare serie ipotesi scientifiche sulla *cosa in sé*[10]. Tale percorso, pieno di sorprese

---

[9] "Che riguarda la conoscenza dell'essere (nel significato filosofico della parola), della realtà, dell'oggetto in sé" (https://www.treccani.it/vocabolario/ontologico/).

[10] "Espressione con la quale Kant intende riferirsi alla realtà così come essa è in sé, indipendentemente non solo dallo stato attuale delle conoscenze,

e di scoperte illuminanti, sta attuando una rivoluzione radicale e silenziosa nel pensiero umano: gli innovativi risultati della scienza più sofisticata costringono gli stessi fisici ad elaborare teorie scientifiche – cioè sostenute da prove sperimentali ed esprimibili in forma di rigorose funzioni matematiche – necessariamente e quasi loro malgrado tendenti a spiegare quale sia la *natura delle cose*, cioè quale sia il senso ontologico della realtà.

Di conseguenza, alcune tematiche che sono state in passato esclusivo appannaggio della filosofia trovano oggi una sponda inaspettata nel campo della fisica e nel metodo scientifico, basato sulle "sensate esperienze" e sulle "necessarie dimostrazioni"[11].

Ma non basta.

I più importanti ed innovativi risultati della ricerca scientifica sono in profondo contrasto con le regole della logica aristotelica e della fisica galileiana, ma soprattutto in conflitto insanabile con il senso comune. Giunta sulla soglia del mistero dell'essere, la scienza moderna, accingendosi a invadere il campo della metafisica, ha scardinato alcune categorie del pensiero, finora ritenute fondamentali ed irrinunciabili. Il buon senso, d'altronde, mai potrebbe avere la forza necessaria a comprendere i più profondi misteri della natura: per un tal fine bisogna essere un po' folli e rivoluzionari!

Già negli anni Settanta dello scorso secolo, un fisico accademicamente accreditato – Fritjof Capra – nel suo *Il Tao della fisica*[12] sosteneva che la tradizionale filosofia taoista, basata sul già citato Dàodéjīng, fosse più adatta a comprendere

---

ma anche da ogni possibile conoscenza" (https://www.treccani.it/enciclopedia/cosa-in-se).

[11] Così Galileo descrive il metodo scientifico nella *Lettera a Cristina di Lorena, Granduchessa di Toscana*. G. Galilei, *Opere*, vol. V, Edizione Nazionale a cura di Antonio Favaro, Firenze, Giunti-Barbera, 1968, pp. 309-348.

[12] F. Capra, *Il Tao della fisica*, Milano, Adelphi, 1982.

la fisica dell'atomo rispetto al pensiero più tipicamente occidentale, ancorato alla logica aristotelica e cartesiana. A suo avviso, la fisica moderna è in perfetta sintonia con il pensiero taoista, meglio capace di interpretarne i paradossi e le apparenti contraddizioni, secondo una visione olistica della realtà, di cui fa parte anche lo spirito.

Se questo era già un punto di vista innovativo, i successivi sviluppi della scienza lo sono stati ancor più, poiché si è continuato a introdurre concetti controintuitivi[13] – così la scienza ufficialmente li definisce – cioè contrari al comune modo di intendere ciò che è vero.

Siamo di fronte, a ben vedere, ad una duplice rivoluzione. La prima è che la scienza ha preso il posto della filosofia riguardo a diverse tematiche, che possiamo definire metafisiche, poiché sconfinano nello studio dell'essere in quanto tale; la seconda è che, per farlo, ha sovvertito le regole tradizionali della logica e della razionalità.

E dunque, per apprendere l'affascinante lezione filosofica della fisica moderna, è necessario abbandonare ogni pregiudizio ed essere disposti ad entrare in un mondo apparentemente meno solido di quello della nostra esperienza quotidiana. La scienza ci costringe a superare le regole e le abituali categorie mentali per avventurarci in un'acqua che mai "non si corse", un "pelago" in cui è facile rimanere smarriti, per dirla con Dante[14]: un mare forse inquietante, ma ricco di nuove prospettive e possibilità, il cui approdo è un mondo nuovo e ancora inesplorato.

---

[13] "Che non rispecchia i procedimenti e i meccanismi logici di un'intuizione: un ragionamento, uno schema controintuitivo" (https://www.treccani.it/vocabolario/controintuitivo/).

[14] *"non vi mettete in pelago, ché forse, / perdendo me, rimarreste smarriti. / L'acqua ch'io prendo già mai non si corse*" (D. Alighieri, *La Divina Commedia*, Paradiso, Canto II, versi 5-7).

IV

La natura della materia: duale, indeterminata, surreale

Più di un secolo fa, all'inizio del Novecento, questa rivoluzione dava i primi segni di sé. È iniziata con gli studi di Einstein sulla duplice natura della luce e si è sviluppata con la meccanica quantistica, che a quell'epoca muoveva i primi passi nel complesso orizzonte della fisica.

Tale nuova disciplina fu così innovativa che lo stesso Einstein ed altri importanti fisici dell'epoca si trovarono nella condizione – per certi versi imbarazzante – di non riuscire ad accettare alcune inevitabili conseguenze delle nuove istanze scientifiche, che loro stessi avevano contribuito a costruire. "Tutti i miei tentativi di adattare i fondamenti teorici della fisica a queste [nuove] acquisizioni fallirono completamente. Era come se ci fosse mancata la terra sotto i piedi e non si vedesse da nessuna parte un punto fermo su cui poter costruire": così Einstein espresse le sue perplessità[15].

Credo che mai nella storia del pensiero umano ci sia stata una simile contraddizione.

Con la scoperta del dualismo onda-particella del fotone[16], che valse ad Einstein il premio Nobel per la fisica, cadeva il principio – cardine della logica da Aristotele in avanti – della non contraddizione[17]: una rosa è una rosa, una pietra è una pie-

---

[15] P.A. Schilpp (a cura di), *Albert Einstein scienziato e filosofo*, Torino, Boringhieri, 1958, p. 25.

[16] A. Einstein, *Über einen die Erzeugung und Verwandlung des Lichtes betreffenden heuristischen Gesichtspunkt*, in Annalen der Physik, 1905, 322,6 pp. 132-148.

[17] "equivale a dire che una proposizione non può essere contemporaneamente vera e falsa" (https://www.treccani.it/enciclopedia/non-contraddizione-principio-di).

tra, ma non può essere sia pietra che rosa, contemporaneamente o successivamente. A questa reciproca esclusione non esiste alcuna alternativa (*tertium non datur*, ancora secondo la logica aristotelica). È uno degli indiscussi cardini della razionalità e del senso comune, non soltanto un principio filosofico.

Da allora la contraddizione, inconciliabile col buon senso e con la logica tradizionale ma inoppugnabile sotto il profilo scientifico e logico-matematico, è stata accolta nel pensiero e nella cultura scientifica, perché la luce è davvero entrambe le cose: onda e corpuscolo.

Da quel momento la scienza ha aperto la porta al paradosso.

Ma poi, a ben pensarci, i paradossi non sono estranei neanche all'esperienza quotidiana. Anche un bambino sa bene che il mare è contemporaneamente acqua ed onda – cioè materia ed energia – quando si abbandona al loro gioco. Similmente il suono di un violino ha bisogno di un supporto materiale (legno, budello e crine di cavallo) ma è fatto di onde acustiche, un campo energetico che si diffonde nell'aria ed infine trascende il piano materiale per farsi armonia ed emozione. Ma questo vale per tutta la musica, come pure per la voce umana.

Forse anche il pensiero, in bilico com'è tra la materia organica dei neuroni cerebrali, delle sinapsi e dei neuromediatori chimici e l'immaterialità dello spirito, ha una simile ambiguità.

Forse la scienza sta tentando di educarci ad una maggiore libertà mentale.

Altrettanto contraddittorio è il comportamento dell'elettrone, anch'esso capace, come la luce, di essere particella ed onda, come rigorosamente dimostrato dall'esperimento di Tübingen[18], all'inizio degli anni sessanta. Ma l'elettrone era conosciuto, fino ad allora, come corpuscolo materiale, non come onda. I fisici si divertirono a coniare un nuovo termine: *wavecle*, cioè *wave-*

---

[18] C. Jönsson, *Elektroneninterferenzen an mehreren künstlich hergestellten Feinspalten*, in Zeitschrift für Physik, vol. 161, n. 4, agosto 1961, pp. 454-474.

particle che potremmo tradurre in italiano *onduscolo* (*onda-corpuscolo*), per indicare questa nuova ambigua realtà, così diversa dall'atomo materiale e indistruttibile di Democrito.

A dire il vero, Heisenberg aveva fatto anche di peggio, introducendo il principio di indeterminazione[19], inconcepibile per la meccanica tradizionale di Galileo e Newton e tuttavia anch'esso scientificamente inoppugnabile. In senso stretto, tale principio afferma che non è possibile conoscere con la stessa precisione la posizione e la quantità di moto di un elettrone. Ma, più in generale, esso introduce il concetto che "le leggi naturali non conducono a una completa determinazione di ciò che accade nello spazio e nel tempo" e addirittura che l'accadere "è piuttosto rimesso al gioco del caso"[20].

Non stupisce, dunque, che alcuni fisici dell'epoca cercassero, senza riuscirci, di confutare le conclusioni della meccanica quantistica. Einstein ci provò invano per tutta la vita, ad onta della sua innegabile genialità. Si potrebbe quasi dire che il progresso delle conoscenze stesse sfuggendo di mano agli stessi scienziati.

Lo studio delle particelle subatomiche portava a risultati sempre più surreali. Ed infatti, i costituenti degli adroni furono battezzati quark[21], prendendo a prestito il nome dai versi più surreali di Joyce[22]:

---

[19] W. Heisenberg, *Über den anschaulichen Inhalt der quantentheoretischen Kinematik und Mechanik*, in Zeitschrift für Physik, vol. 43, n. 4, 1927, pp. 172–178.

[20] W. Heisenberg, *Ordnung der Wirklichkeit* [Ordinamento della realtà], in G. Gembillo e G. Gregorio, *Indeterminazione e realtà*, Napoli, Guida, 1991, p. 128.

[21] La traduzione di *quark* dall'inglese sarebbe "ricottina", qualcosa di poco consistente, ma anche, colloquialmente, "spazzatura". È anche la crasi di question mark (punto interrogativo). Gell-Mann era incerto sull'ortografia del nome finché non lo trovò nei versi di Joyce

[22] M. Gell-Mann, *The Quark and the Jaguar: Adventures in the Simple and the Complex*, New York, Henry Holt and Co., 1995, p. 180.

Three quarks for Muster Mark!
Sure he hasn't got much of a bark
And sure any he has it's all beside the mark.[23]

E cosa c'è di più surreale dei quark, che esistono solo come parti di un insieme (gli adroni) ma, allorché separati, si dissolvono nel nulla? Quasi non fossero oggetti, ma parti di un… essere vivente, che non può sopravvivere smembrato.

Ma non è tutto: i quark si caratterizzano per i *sapori*, tra i quali *fascino* e *stranezza* (ma anche *verità* e *bellezza,* termini usati inizialmente ma poi abbandonati, quasi per una sorta di pudore), nonché per la *carica di colore*. Sono tutte parole che sembrerebbero più consone ad un'avventura di *Alice nel Paese delle Meraviglie* che non a un serio capitolo della fisica nucleare.

Man mano che si andava avanti, nascevano – e venivano accettati dalla comunità scientifica – concetti controintuitivi, cioè contrari all'abituale modo di concepire ciò che è vero: mal conciliabili con il buon senso, con la logica tradizionale e con la fisica classica, cui lo stesso Einstein restava, forse suo malgrado, affezionato.

Si faceva strada l'idea che esistessero due ordini di realtà e due tipi di logica: la realtà macroscopica, governata dai principi della fisica classica di Galileo e Newton, integrata dalla relatività, e la realtà subatomica, o quantistica, in cui quei principi e la logica tradizionale perdevano valore.

Ma, con il proseguire delle indagini, si giunse a scoprire che i paradossi quantistici si estendono anche alla realtà non quantistica: quindi a tutta la materia in quanto tale[24].

Il classico atomismo di Democrito era stato messo in crisi.

---

[23] J. Joyce, *Finnegans Wake*, London, Faber &Faber, 1939, Book II, Chapter 4, pag. 383

[24] Cfr. cap. V e VIII

La scienza dell'atomo sembrava voler rinnegare il materialismo del suo antico precursore, come testimoniano due tra i suoi più illustri esponenti, Werner Heisenberg e Max Planck, con le loro affermazioni del tutto antitetiche rispetto all'atomismo storico:

> Gli stessi atomi o le particelle elementari *non sono reali*. Essi formano un mondo di potenzialità o possibilità, piuttosto che un mondo di cose o di fatti[25].

> *Non esiste la materia come tale*. Tutta la materia ha origine ed esiste soltanto in virtù di una forza. Dobbiamo presupporre dietro questa forza l'esistenza di una mente conscia ed intelligente. Questa mente è la matrice di tutta la materia[26]

Già queste due affermazioni appartengono più al campo della filosofia (della metafisica, a voler essere precisi) che della scienza, ma in ogni caso rinnegano il tradizionale materialismo di Democrito: i costituenti ultimi della materia sono effimeri, ambigui e indeterminati e non hanno la concretezza fondante (e rassicurante) del suo atomo eterno e immutabile.

La scienza si avvicina, anzi, all'idealismo platonico, allorquando considera non reale la materia, frutto di una mente conscia e intelligente.

"Penso che la fisica moderna abbia optato definitivamente per Platone. Infatti, le piccolissime unità di materia non sono oggetti nel senso comune della parola; sono forme, strutture, o – in senso platonico – idee, di cui possiamo parlare senza ambiguità soltanto nel linguaggio matematico": così Werner Hei-

---

[25] W. Heisenberg, *Physics and Philosophy*, New York, Harper, 1962, pag. 127.

[26] M. Planck, dal discorso tenuto a Firenze nel 1944: *"La natura della materia"* (The Nature of Matter): Archiv zur Geschichte der Max-Planck-Gesellschaft Abt. Va, Rep. 11 Planck, Nr. 1797, in Internet Archive.

senberg, uno dei padri fondatori della fisica moderna, entra senza mezzi termini nell'ambito della riflessione filosofica e sembra voler dare valore scientifico alle intuizioni del grande filosofo greco [27].

La ricerca scientifica, in definitiva, si è ritrovata senza volerlo su un terreno a lei sconosciuto; per rispondere alle domande su com'è fatta e come funziona la materia (che è il suo obiettivo tradizionale) è costretta a chiedersi che cosa essa sia e da dove provenga, passando dallo studio del fenomeno alla ricerca ontologica, tradizionalmente riservata alla speculazione filosofica. Anzi, uno dei suoi esponenti di maggior rilievo si azzarda a definire idee gli elementi costitutivi della materia.

Un tale passaggio è stato involontario e, probabilmente, verrebbe negato da alcuni degli stessi fisici: non è facile per chi è nato in una cultura sperimentale e positivista ammettere di essersi involontariamente avvicinato a Platone.

Sarà quindi il caso di vedere più ordinatamente e da vicino questa trasformazione.

---

[27] W. Heisenberg, citato in *Novecento filosofico e scientifico*, a cura di A. Negri, Milano, Marzorati, 1991, vol IV, pagg. 808-809.

V

La complementarità e il ruolo dell'osservatore

Nel 1801, Thomas Young eseguì un esperimento basato su un fascio di luce che attraversava due sottili fenditure poste su un diaframma opaco; esso dimostrava in maniera inequivocabile la natura ondulatoria della luce, perché il raggio, passando attraverso quelle due fessure, produceva fenomeni di diffrazione e interferenza, che sono tipici ed esclusivi delle onde[28]. L'esperimento eliminò dallo scenario della fisica la teoria corpuscolare della luce, fino ad allora diffusamente accettata, anche perché autorevolmente sostenuta da Newton con i suoi studi sull'ottica. Nel 1864, Maxwell consolidò definitivamente la teoria ondulatoria della luce[29], riconducendola a caso particolare nel più ampio contesto delle onde elettromagnetiche: ciò che chiamiamo luce altro non è che la radiazione elettromagnetica con lunghezza d'onda compresa tra i 390 e i 700 nanometri ed ha la stessa natura delle onde radio e dei raggi X.

All'inizio del secolo successivo, ad onta dell'assoluta correttezza dell'esperimento di Young e degli studi di Maxwell, Einstein dimostrò che la luce ha anche una natura corpuscolare, senza la quale non sarebbe possibile l'effetto fotoelettrico, ben noto anche a noi profani, perché comunemente ne fruiamo in tante apparecchiature di uso quotidiano. Né sarebbe possibile l'effetto Compton[30], scoperto una ventina d'anni dopo, a defi-

---

[28] https://it.wikipedia.org/wiki/Esperimento_di_Young

[29] J.C. Maxwell, *A dynamical theory of the electromagnetic field*, in Philosophical Transactions of the Royal Society of London (1865), 155, pp. 459–512.

[30] A.H. Compton, *Secondary Radiations Produced by X-rays*, National Research Council of the National Academy of Sciences, 1922, Vol 4, part 2, number 20.

nitiva conferma del punto di vista di Einstein. Dunque, sono veri e scientificamente dimostrati entrambi gli assunti: la luce è proprio tutt'e due le cose. È corpuscolo, pur non avendo massa né volume; pur essendo un corpuscolo, fa parte della famiglia delle onde elettromagnetiche: sembra assurdo, ma è proprio così.

Quello della doppia fenditura fu un esperimento di grande successo: dopo quella prima volta è stato usato da diversi fisici per oltre due secoli, con varianti sempre più complesse che hanno portato a scoperte sorprendenti. Fu usato, in particolare, anche per altri fasci di corpuscoli, grazie all'uso di apparecchiature più moderne e sofisticate.

Si dimostrò, con la stessa metodica delle due fessure, che anche gli elettroni – particelle materiali dotate, a differenza dei fotoni, di massa e volume, sebbene piccolissimi – si comportano come onde elettromagnetiche: da Claus Jönsson nel 1961 (il già citato esperimento di Tübingen), da Pier Giorgio Merli[31] nel 1974 e da Akira Tonomura[32] nel 1989, con diverse varianti tecniche.

Nel 1974, Helmut Rauch[33] ottenne fenomeni di interferenza con fasci di neutroni, che sono corpuscoli ancor più grandi: cioè materia più evidentemente dotata di massa e volume (la massa del neutrone è 1839 volte superiore a quella dell'elettrone).

Il dualismo onda-particella, dimostrato per la luce e per particelle subatomiche come elettroni e neutroni, è stato successivamente dimostrato anche per corpi formati da più atomi: nel

---

[31] P.G. Merli, G. Missiroli, G. Pozzi, *Electron interferometry with the Elmiskop 101 electron microscope*, in Journal of Physics E: Scientific Instruments, vol. 7, n. 9, settembre 1974, pp. 729-732.

[32] A. Tonomura, J. Endo, T. Matsuda, T. Kawasaki, H. Ezawa, *Demonstration of single-electron buildup of an interference pattern*, in American Journal of Physics, vol. 57, n. 2, febbraio 1989, pp. 117-120.

[33] H. Rauch, W. Treimer, U. Bonse, *Test of a single crystal neutron interferometer*, in Physics Letters A, vol. 47, n. 5, 22 aprile 1974, pp. 369-371.

1999 per il fullerene[34] (60 atomi di carbonio), nel 2003 per il fluoro fullerene[35] (60 atomi di carbonio e 48 di fluoro), nel 2012 per le ftalocianine[36] (con massa atomica fino a 1298 AMU).

Per riassumere, all'inizio fu dimostrata la duplice natura (onda e corpuscolo) del fotone, che è una particella elementare sprovvista di massa; poi per l'elettrone, che è anch'esso una particella elementare, ma un po' di massa ce l'ha; poi per il neutrone, che è, invece, una particella composta ed ha massa molto più grande, ed infine per interi aggregati di atomi, con massa ancora maggiore: un passo che estende il dualismo ben oltre i limiti delle particelle subatomiche.

D'altronde, Louis-Victor Pierre Raymond de Broglie aveva sancito il dualismo onda-particella fin dal 1924, concludendo che ai corpi materiali sono associate le proprietà fisiche delle onde[37].

La sua ipotesi afferma che *tutta la materia* ha anche le proprietà delle onde. Stabilisce che a una particella di massa m che si muove con velocità v debba essere associata una lunghezza d'onda $\lambda=h/mv$, dove h è la costante di Planck. Come confermato sperimentalmente dal 1999 in poi, tali proprietà, tipiche delle particelle subatomiche, non scompaiono per oggetti più grandi. In linea di principio, appartengono a tutti i corpi materiali.

È da notare che molti dei dati sperimentali a supporto della teoria di de Broglie non esistevano al tempo della sua formula-

---

34 A. Zeilinger, M. Arndt, O. Nairz, J. Vos-Andreae, C. Keller, G. van der Zouw, *Wave-particle duality of C60 molecules*, in Nature, vol. 401, n. 6754, 14 ottobre 1999, pp. 680-682.

35 A. Zeilinger, M. Arndt, L. Hackermüller, S. Uttenthaler, K. Hornberger, E. Reiger, B. Brezger, *Wave Nature of Biomolecules and Fluorofullerenes*, in Physical Review Letters, vol. 91, n. 9, 28 agosto 2003.

36 AA.VV., *Real-time single-molecule imaging of quantum interference*, in Nature Nanotechnology, 7, 2012, pp. 297-300.

37 L. De Broglie, *Recherches sur la théorie des Quanta*, in Ann. Phys., vol. 10, n. 3, 1925, pp. 22-128.

zione: le proprietà di onda di elettroni, neutroni e aggregati di atomi non erano state ancora verificate. Le conferme sperimentali all'ipotesi arrivarono in tempi successivi alla sua intuizione ed elaborazione matematica, e così è stato anche per altre scoperte[38].

Niels Bohr, uno dei padri fondatori della moderna scienza dell'atomo, enunciò (siamo nel 1927, a Como, nel centenario della morte di Alessandro Volta) il principio di complementarità: si predilige - o si evidenzia - l'aspetto ondulatorio o corpuscolare della materia a seconda del tipo di strumento utilizzato per l'osservazione. Gli aspetti corpuscolare e ondulatorio di un fenomeno fisico non si manifestano mai simultaneamente, ma ogni esperimento che permetta di osservare l'uno impedisce di osservare l'altro: è l'osservatore, possiamo dire, che *decide* in tal senso[39].

Niente male come paradosso.

I due aspetti sono tuttavia complementari perché entrambi indispensabili a fornire una *descrizione fisica completa* del fenomeno, che altrimenti sarebbe inadeguata e parziale.

Il solito Heisenberg così riassunse il problema: "è vero che approssimativamente si può parlare di 'onde' e 'corpuscoli', ma le due descrizioni hanno la stessa validità"[40].

Sono proprio vere entrambe.

In altre parole, riconoscere la natura di onda o di corpo a uno stesso oggetto è solo una questione di punti di vista o di mezzi di rilevazione: l'oggetto in sé ha entrambe le caratteristiche.

Tali principi, nati dallo studio delle particelle elementari

---

38 cfr. cap. XIII

39 N. Bohr, L. Rosenfeld: *Complementarity: Bedrock of the Quantal Description. Foundations of Quantum Physics II.* Niels Bohr Collected Works. 7. Elsevier. pp. 284–285

40 W. Heisenberg, *The Physical Principles of Quantum Mechanics*, Mineola, Dover Publications, 1930, pag. 98.

come il fotone e l'elettrone e poi dimostratisi validi anche per corpi ben più grandi, mettono in crisi il nostro senso comune, al quale non possono non apparire inaccettabili.

Dunque, sembrerebbe che tutta la materia possa essere descritta come un'onda, o che a tutta la materia siano associate le proprietà dell'onda, per dirla in modo inappuntabile. Per dirla in modo più diretto ed esplicito, ma egualmente vero, ciò che appare come un corpo materiale e solido è anche un insieme di onde. Ed è sperimentalmente provato che sia così.

Fin qui mi sembra che la scienza abbia aumentato la nostra perplessità sulla *natura delle cose.* Questa ci appare per lo meno ambigua: le cose sono corpi od onde e, quindi, materia o energia? E come possono essere entrambe le cose? Perché è evidente che le onde altro non sono che una perturbazione capace di propagarsi nello spazio (d'altronde non hanno alcun peso), come le onde radio, la luce o i raggi infrarossi; ben diverse dalla materia che è dotata di massa e di inerzia, e che percepiamo come peso e volume.

La fisica, si direbbe, non dà risposte univoche, ma suscita curiosità e rende di nuovo interessante il quesito filosofico di che cosa sia la materia, che pure appare così ovvia alla nostra esperienza quotidiana.

VI

Dal determinismo all'indeterminazione, dalla causalità alla casualità

La risposta diventa ancora più difficile se si considera un altro dei principi fondamentali della fisica moderna: il principio di indeterminazione. Vi abbiamo già accennato, ma senza parlare delle sue conseguenze su alcune consolidate modalità del nostro modo di pensare. Enunciato da Heisenberg quasi un secolo fa, esso stabilisce che "non è possibile misurare simultaneamente con esattezza il valore di due quantità osservabili canonicamente coniugate"[19].

Nel suo senso più stretto e originario, il principio stabilisce che non è possibile conoscere con altrettanta precisione il valore di due quantità osservabili coniugate in un sistema fisico. Ad esempio, se misuro la quantità di moto di un elettrone, non posso conoscerne la posizione. Fin qui l'indeterminazione sembra un fatto meramente tecnico, poco significativo rispetto alla più generale nozione di materia. Ma l'indeterminazione ha un senso più ampio, che lo stesso Heisenberg così descrive:

> Nell'ambito della realtà, le cui condizioni sono formulate dalla teoria quantistica, le leggi naturali non conducono quindi a una completa determinazione di ciò che accade nello spazio e nel tempo; l'accadere (all'interno delle frequenze determinate per mezzo delle connessioni) è *piuttosto rimesso al gioco del caso*[20].

In sostanza, il principio sostituisce le certezze della meccanica classica (la determinazione delle qualità e quantità, e il rigido nesso causale tra due o più eventi) con delle semplici probabilità. Gli elettroni sembrano percorrere delle aree di probabilità, dove spin, posizione e velocità sono indeterminabili, se non fissati singolarmente in un fotogramma che ha il limite di poter mettere a fuoco non più di una caratteristica per volta. Le conseguenze non sono di poco conto, perché il principio mette seriamente in crisi il concetto di causalità e le basi del determinismo, come vedremo più avanti.

Nel gioco dei dadi i numeri sono relativamente pochi e si può esser certi che prima o poi appariranno tutti; ma non si può dire quale apparirà in un certo lancio. Vi è un indubbio nesso causale tra il mio gesto di lanciare i dadi e la cifra che questi formeranno, ma è indeterminabile il numero che apparirà ad ogni singolo lancio. Questo può essere previsto dal punto di vista statistico (all'interno delle frequenze determinate, per dirla con Heisenberg), ma rimane casuale: è aleatorio (per l'appunto dal latino *alea*, cioè dado). Solo con dadi truccati potrei essere sicuro (o quasi) del numero che otterrò con un lancio. Lo stesso vale per i numeri del lotto: sono solo novanta, ma quale sarà il terno estratto domani? Ah saperlo!

Fin qui il nostro buon senso è rassicurato. Quel che è difficile da mandar giù è che sia così non solo per i dadi, ma anche per oggetti fisici come gli elettroni e, in definitiva, per tutte le cose: tutto è probabile, ma indeterminato.

Heisenberg ne traeva poi le conseguenze inevitabili, concludendo che con il suo principio veniva meno quello di causalità:

> Nella formulazione netta del principio di causalità: "se conosciamo in modo preciso il presente, possiamo prevedere il futuro", non è falsa la conclusione, bensì la premessa. In linea di principio noi non possiamo conoscere il presente in tutti i suoi dettagli[19].

Altro aspetto messo in evidenza dal fisico tedesco è che l'osservazione stessa interagisce con il fenomeno che si vuol misurare. Così egli si esprime:

> Per converso, la descrizione cinematica di un fenomeno necessita dell'osservazione diretta; ma poiché osservare significa interagire, ciò preclude la validità rigorosa del principio di causalità[40].

Ed anche la sussistenza di una inevitabile interazione tra osservatore ed osservato sarà ulteriormente confermata dagli sviluppi della fisica[41].

Se confrontiamo questo punto di vista con quello fino ad allora imperante nella scienza e, più in generale, nel pensiero occidentale, ci rendiamo conto della rivoluzione che era avvenuta. Così possono essere enunciate, infatti, le ragioni del determinismo, per il quale il rapporto causale è un fatto assoluto, che unisce tutti gli eventi in una ferrea concatenazione di necessità:

> Dovremmo considerare lo stato presente dell'universo come l'effetto del suo stato antecedente e la causa del suo stato successivo. Un'intelligenza che conoscesse tutte le forze operanti in natura in un dato istante e le posizioni istantanee di tutti gli oggetti dell'universo sarebbe in grado di comprendere in un'unica formula i moti dei più grandi corpi e quelli dei più leggeri atomi del mondo, a condizione che il suo intelletto fosse sufficientemente potente da sottoporre ad analisi tutti i dati: per tale intelligenza *niente sarebbe incerto, il futuro e il passato sarebbero entrambi presenti ai suoi occhi*[42].

---

[41] cfr. cap. VIII

[42] P.S. de Laplace, *Saggio filosofico sulle probabilità*, Introduzione, Parigi, 1814, trad. it. in Laplace, *Opere*, a cura di O. Pesenti Cambursano, Torino,

Secondo tale modo di vedere, nell'Universo non possono esserci eventi spontanei o casuali di alcun tipo: non c'è spazio alcuno per una libera finalità. Tutto si riduce ad un meccanicismo materialistico (e forse predeterminato *ab aeterno*): anche le azioni umane sarebbero il prodotto necessario e inevitabile delle condizioni preesistenti e non ci sarebbe possibilità (se non illusoria) di libera scelta. Non è questo anche il succo del materialismo dialettico, che cercava di leggere la storia dell'umanità nell'ottica di un cogente determinismo, implicitamente svuotando di significato il ruolo della volontà e dell'individuo?

Ebbene, tale modo di vedere è stato scardinato da Heisenberg, che ha dimostrato l'indeterminazione di "tutte le forze operanti in natura in un dato istante" e delle "posizioni istantanee di tutti gli oggetti dell'universo", quindi l'inconsistenza dei presupposti su cui si basano causalità e determinismo, letteralmente sbriciolati dalla forza sovversiva del suo principio.

In un certo senso, spezzate le rigide catene del determinismo, l'indeterminazione riporta nel mondo un certo grado di mistero e di libertà.

È questo il cambiamento cui Einstein si ribellava dicendo che Dio non gioca a dadi: gli sviluppi della meccanica quantistica introducevano l'idea che anche il caso e la presenza dell'osservatore avessero un innegabile ruolo nel dispiegarsi della realtà. Il caso, perché tutto è indeterminato fino al momento del suo accadere; l'osservatore, perché "osservare significa interagire" e quindi avere un ruolo negli accadimenti del mondo fisico.

Ma, con buona pace di Einstein che, nonostante la sua genialità, non riuscì mai a trovare le pecche nascoste nella meccanica quantistica, gli studi successivi non hanno fatto che confermare i paradossi della fisica: la materia, in tutti i suoi costituenti, è sia onda che corpo; è influenzata dalla presenza di un osservatore; non è misurabile con precisione in tutte le sue

---

UTET, 1967, p. 323)

caratteristiche. Per finire, il principio di causalità, fondamento della scienza fino a quel momento, si basa su una presunzione indimostrabile, se non del tutto falsa.

Le classiche categorie della fisica di Galileo e di Newton, ma anche della logica e del buon senso, sono state irrimediabilmente messe in discussione e ridimensionate.

VII

La relatività di spazio e tempo: un altro *knockdown* per il senso comune

Non soltanto la materia – almeno per come ordinariamente la intuiamo – e il principio di causalità sono stati messi in dubbio; anche i concetti di tempo e di spazio sono stati rivisti dalla scienza e trasformati in qualcosa di molto diverso da quanto l'esperienza della vita quotidiana sembra mostrarci.

Ancora una volta il primo guastafeste fu Einstein[43], che dimostrò che il tempo non è la costante postulata nella meccanica classica: qualcosa che scorre sempre alla stessa velocità, scandita dall'oscillazione ritmica e regolare del pendolo galileiano, indipendente dagli altri eventi. Al contrario, il tempo si modifica in relazione ad altre variabili; anzi, essendo una delle quattro dimensioni della realtà fisica (lo spazio-tempo o cronotopo), non è più una costante, come sembrerebbe evidente nell'esperienza quotidiana, per la quale scorre sempre uguale, dovunque lo si voglia misurare.

Si credeva in passato che solo la percezione soggettiva del tempo potesse variare, secondo un famoso esempio, attribuito allo stesso Einstein: un minuto sembra volare se tieni una bella ragazza sulle ginocchia, ma non passa mai se stai seduto su una stufa accesa.

Invece basta fare un viaggio in aereo ed ecco che il tempo risente dell'altitudine come della velocità. Certo, io non posso accorgermene guardando il mio normale orologio, ma se ne ho uno sufficientemente preciso (per esempio un orologio atomico) e faccio un viaggio abbastanza lungo e veloce, ecco che la differenza può essere tranquillamente misurata. Anche se non

---

[43] A. Einstein, *Zur Elektrodynamik bewegter Körper,* in Annalen der Physik, vol. 17, 1905, pp. 891–921.

ne sono per niente consapevole, in un normale viaggio in aereo il tempo è un po' più lento; anzi, basta fare una passeggiata in montagna[44] perché il tempo – insensibilmente – rallenti un po'.

Il tempo è anch'esso diventato una sorta di variabile ed è una dimensione – alla stregua di altezza, larghezza e profondità – nel contesto del cosmo e della realtà oggettiva, che è quadridimensionale. Salvo che, forse, le dimensioni potrebbero essere anche più numerose. La relatività del tempo scoperta da Einstein ha un precedente nella fantasia di Jules Verne. Il protagonista del romanzo[45], ritornato al punto di partenza (Londra) dopo aver viaggiato per ottantun giorni intorno al mondo, scopre che a Londra, di giorni, ne erano trascorsi solo ottanta. Il tempo era diverso per chi era stato fermo, rispetto a lui che aveva viaggiato sempre in direzione del sorgere del sole. Anche nel romanzo il tempo è relativo!

Com'era tranquillizzante il concetto filosofico di *distensio animi*[46], cioè che il tempo sia soltanto un vissuto interiore, in base al quale posso definire passato, presente e futuro, i quali non sono nulla al di fuori della mente umana. Il tempo della fisica esiste, eccome; non scorre ma può dilatarsi ed è una delle quattro dimensioni del cronotopo in cui mi muovo e in cui l'intero cosmo vive. Il tempo esiste oggettivamente, oltre che soggettivamente, ed è intessuto nel contesto delle dimensioni fisiche dello spazio, solo che è diverso da come l'intende il

---

[44] Il tempo risente sia del campo gravitazionale e, quindi, dell'altitudine, sia della velocità: gli orologi atomici a bordo dei satelliti GPS andrebbero avanti (rispetto agli orologi terrestri) perché la forza di gravità è minore a ventiduemila chilometri di altezza, ma andrebbero indietro perché viaggiano a ventottomila chilometri l'ora. Il risultato richiede una correzione relativistica, altrimenti il nostro navigatore satellitare ci porterebbe fuori strada.

[45] J. Verne, *Le Tour du monde en quatre-vingts jours.* Pierre-Jules Hetzel, 1873.

[46] Secondo Aurelio Agostino: *Le Confessioni*, traduzione di Carlo Carena, Collana I millenni, Torino, Einaudi, 1967, Libro XI.

senso comune. Passato, presente e futuro fanno parte del tessuto quadridimensionale della realtà. "Noi che crediamo nella fisica sappiamo che la distinzione fra passato, presente e futuro è solo un'illusione, anche se dura a morire": sono parole di Einstein[47].

Né più né meno che Roma, Pechino e New York: sono tutte e tre contemporaneamente presenti nel mondo, ma io non posso essere contemporaneamente in tutte e tre le città; i limiti del mio corpo materiale me lo impediscono. Similmente, io non posso essere contemporaneamente nel presente, nel passato e nel futuro: devo accontentarmi del qui ed ora, vedendo passato e futuro in prospettiva; come *distensio animi*, per l'appunto.

Il tempo è così diverso da come lo abbiamo sempre immaginato che ancora non abbiamo una categoria mentale che ce lo renda comprensibile senza ricorrere a complesse equazioni. Come i componenti ultimi della materia, ha bisogno della matematica per essere compreso, poiché non riusciamo più ad intuirlo direttamente.

Ma anche le tre dimensioni spaziali tradizionali hanno perso la loro fissità, perché anche la lunghezza di un qualunque oggetto si contrae nella direzione della sua velocità, e lo spazio (scusate, lo spazio-tempo) si curva in presenza di una massa.

È interessante notare che anche questi concetti (come si è visto per il dualismo onda-particella) sono stati intuiti ed espressi in forma matematica prima che fossero provati con osservazioni concrete ed esperimenti[48]. Purtroppo, il senso comune non riesce ad andar dietro ai paradossi della relatività, resta come tramortito, è *knock down*: il tempo rallenta davvero, e il mio naso si accorcia davvero, mentre viaggio in aereo? Soltanto l'intelletto, seguendo l'evoluzione della scienza, può in qualche modo farsene un'idea; idea che è compiutamente (o non ambiguamente) comprensibile soltanto in virtù della sua forma matematica.

---

[47] A. Einstein: *Lettera a Vero e Bice Besso*, 21 marzo 1955, citata in: C. Veronesi, I quaderni del caffè. Il Rio 2019. Vol. 4: Amicizia., pag. 100.

[48] (cfr. cap. XIII)

VIII

Realismo locale contro *entanglement* quantistico: per il buon senso siamo al *knockout* definitivo

Dobbiamo ancora affrontare la scoperta più strana ed apparentemente più assurda: l'*entanglement* quantistico.

Questo fenomeno è particolarmente traumatizzante per la nostra (o per lo meno la mia) fragile ragione, per diversi motivi. Esso mette in crisi ancor di più e più radicalmente i principi basilari e le categorie mentali che comunemente usiamo nell'interpretare – direi nel mentalizzare o tradurre in pensiero – la nostra esperienza quotidiana. Ci fa meglio comprendere le ragioni di Platone, quando asseriva che gli esseri umani, prigionieri della sua allegorica caverna delle ombre, ucciderebbero volentieri chi volesse metterli dinanzi alla realtà. Forse per questo gli Ateniesi hanno ucciso Socrate, che dialogando con i giovani metteva in dubbio la veridicità delle ombre.

Si definisce *entanglement*[49], o correlazione quantistica, il legame fondamentale esistente tra le particelle costituenti un sistema quantistico. Vuol dire che lo stato quantico di ogni elemento del sistema dipende istantaneamente dallo stato degli altri. Il loro legame si mantiene intatto anche quando sono a distanze molto grandi. Anzi, è del tutto indipendente dalla distanza. Le conseguenze sono sorprendenti ed apparentemente assurde (o controintuitive) ma, ormai, sperimentalmente verificate: la rilevazione delle proprietà di una particella (oppure onda... o come vi pare) influenza anche le altre, istantaneamente (non rapidamente, proprio allo stesso momento), anche se poste a una distanza di anni luce.

---

[49] Il termine è di E. Schrödinger, *Discussion of Probability Relations between Separated Systems*, in Mathematical Proceedings of the Cambridge Philosophical Society, vol. 31, issue 04, ottobre 1935, pp. 555-563.

In sostanza, se una fonte emette una coppia di fotoni, di elettroni o di altri *onduscoli*, questi restano connessi e impigliati tra di loro (*entangled*) per sempre. Fin qui la situazione sembra abbastanza ben comprensibile, almeno a prima vista: nulla di controintuitivo, finora. Se di un paio di scarpe, una viene spedita a me e l'altra ad un eschimese della penisola dei Ciukci, qualora io riceva la scarpa destra, sono certo che l'altra sia una sinistra, dovunque essa si trovi, perché le due scarpe fanno parte dello stesso paio: sono, per così dire, *entangled*. Il problema nasce, però, dal fatto che le caratteristiche di ciascuna coppia sono, come ormai abbiamo appreso, indeterminate e dipendenti dal mezzo di rilevazione: così ci insegnano il principio di indeterminazione (Heisenberg) e il principio di complementarità (Bohr). E così effettivamente è. Tali caratteristiche, più che uno stato definito, sono infatti una possibilità; questa si traduce in stato soltanto al momento della sua misurazione. È allora che collassa in un fatto determinato. È come se la mia scarpa diventasse destra o sinistra soltanto nel momento in cui apro l'involto che la contiene. Meglio ancora, quando la calzo: se uso il piede sinistro, diventa una scarpa sinistra, e viceversa se uso il destro. Le caratteristiche, infatti, dipendono dallo "strumento usato per l'osservazione" (il piede, in questo caso) secondo le già citate parole di Bohr[39]. Per la meccanica quantistica, se io registro o misuro qui sulla Terra una caratteristica della particella A, faccio collassare la sua funzione di probabilità in un preciso oggetto; allora la sua gemella B collasserà di conseguenza e nello stesso istante anche se si trovasse su Andromeda o su Alfa Centauri. L'evento è simultaneo e del tutto indifferente alla distanza. Spazio e tempo non hanno più alcuna rilevanza, dal punto di vista quantistico. Già questo sarebbe difficile da mandar giù, ma non basta ancora, perché l'*entanglement* è stato dimostrato sia a livello di particelle (...o onde?) subatomiche[50,51], sia per corpi non subatomici ma macroscopici,

50 D. Aczel Amir, *Entanglement. Il più grande mistero della fisica*, Milano,

come cristalli di carbonio di misura millimetrica[52]. E questo suona ancor più strano (o controintuitivo). Posso immaginare che oggetti speciali come i fotoni abbiano proprietà speciali, ma non mi capacito che le abbiano anche oggetti accessibili ai miei sensi; anche se, in fin dei conti, anch'essi sono associati alle proprietà fisiche dell'onda e, comunque, sono fatti da elementi subatomici dalle caratteristiche indeterminate.

Tornando all'esempio paradossale (ma... calzante) del paio di scarpe, se indosso al piede destro la scarpa spedita al mio indirizzo di Roma, essa collassa in scarpa destra; nello stesso istante la scarpa inviata nella penisola di Ciukci collassa in scarpa sinistra.

Certo non è facile da mandar giù: è assolutamente controintuitivo, per non dire pazzesco. Ma l'aspetto più interessante è che l'*entanglement* contraddice il principio del realismo locale, che Einstein sosteneva e che è indispensabile per il senso comune come per la fisica tradizionale.

Secondo questo principio, una misurazione non fa altro che rivelare una proprietà preesistente nella realtà fisica (realismo), ma non può, al contrario, indurre quella proprietà, come sembra dimostrare la meccanica quantistica (osservare significa interagire, come abbiamo già visto: quasi che le proprietà di un oggetto quantistico attendessero l'osservazione per realizzarsi, uscendo dal limbo dell'indeterminazione). Inoltre, tra due eventi può sussistere una relazione di causa-effetto solo se essi sono in contatto diretto (è il concetto di località) oppure connessi da una forza che si propaga con una velocità minore o

---

Raffaello Cortina Editore, 2004.

[51] Il fenomeno è stato di recente fotografato: P.A. Moreau, E. Toninelli, T. Gregory, R.S. Aspden, P.A. Morris and M.J. Padget, *Imaging Bell-type nonlocal behavior.* in Science Advances, vol. 5, n. 7, eaaw2563, 12 luglio 2019.

[52] K.C. Lee, M.R. Sprague, B.J. Sussman, J. Nunn, *Entangling Macroscopic Diamonds at Room Temperature*, in Science 334 (6060), dicembre 2011, pp. 1253-6.

uguale alla velocità della luce nel vuoto. Tale limite, infatti, è invalicabile (teoria della relatività).

In altre parole, nell'atto del misurare un oggetto io rivelo una caratteristica sempre posseduta da quell'oggetto, e se un altro oggetto si modifica in relazione al primo, devo supporre una connessione diretta o mediata tra i due. La luna esiste anche se nessuno la guarda[53], sosteneva Einstein, fautore di questo principio: esiste di per sé, non dipende dall'osservatore. La mia scarpa è sempre stata una scarpa destra: non dipende dal piede che l'indossa. E siamo tutti propensi a credere che sia così, perché l'esperienza quotidiana ed il buon senso ci dicono che deve esser vero: il realismo locale è convincente e rassicurante.

Al contrario, la meccanica quantistica pretende che la caratteristica che misuro si realizzi in quel momento, poiché era fino ad allora indeterminata. Per esempio, io non posso sapere se un elettrone sia onda o corpuscolo. Esso diventa tale soltanto nel momento dell'osservazione. Quindi, nel momento che la particella A viene fissata dalla mia osservazione nelle sue caratteristiche, anche la particella B (*entangled* con A) si adegua: nello stesso istante e a qualunque distanza si trovi. In rapporto allo strumento di rilevazione che uso qui, determino istantaneamente il comportamento dell'altra particella, anche se questa è su Alfa Centauri (fenomeno dell'*entanglement* quantistico).

Non è assurdo? E come stupirsi dei dubbi generati da una tale visione?

Sembra naturale pensare che la meccanica quantistica abbia qualche pecca, per ora invisibile, che prima o poi uscirà fuori. Infatti, essa contraddice il principio di località, secondo il quale un oggetto può causare una modificazione dello stato di un altro oggetto contiguo, ma non potrebbe mai influenzare un oggetto con cui non ha contatto alcuno, neanche mediato. O, in alter-

---

[53] "Veramente lei è convinto che la luna esista solo se la si guarda?": la frase attribuita ad Einstein è riportata in D. Lindley, *La luna di Einstein*, Longanesi, 1997, Atto III, p. 231.

nativa, contraddice la relatività ristretta, perché dovrei ipotizzare che da A sia partito un qualche segnale per B, a velocità superiore a quella della luce, anzi a velocità infinita. Oppure potrebbe indurci a pensare che tempo e spazio siano illusioni del tutto prive di realtà: pertanto, non potrei davvero definire A e B come lontane né parlare di simultaneità di due eventi.

Alcuni scienziati, nel secolo scorso, ricorsero ad un esperimento mentale per concludere che tutto ciò è assurdo: la meccanica quantistica, che ci porterebbe a tali conclusioni, deve avere qualche manchevolezza, anche se ancora non l'abbiamo individuata. Gli scienziati erano Einstein, Podolsky e Rosen, dalle cui iniziali l'esperimento è universalmente noto come EPR[54] (vi abbiamo già accennato). Essi dimostrarono che il fenomeno dell'*entanglement*, teoricamente derivante dall'interpretazione di Copenaghen della meccanica quantistica, è da considerare paradossale perché incompatibile con la relatività ristretta (che considera la velocità della luce la massima alla quale può viaggiare qualunque tipo d'informazione) e, più in generale, con il principio di località. Da ciò scaturì la loro convinzione che la teoria quantistica fosse incompleta, ovvero comprendesse variabili nascoste, cioè aspetti sconosciuti che prima o poi sarebbero venuti alla luce.

Il loro atteggiamento era perfettamente razionale e rifletteva la giusta diffidenza dello scienziato verso le teorie scientifiche, che, infatti, non possono essere considerate dogmi: hanno valore soltanto finché la scienza non le supera con un suo passo successivo, come in effetti periodicamente accade.

Ma ancora non era detta l'ultima parola. Ampliando l'esperimento EPR, John Stewart Bell[55] inserì nel calcolo delle pro-

---

[54] A. Einstein, B. Podolsky e N. Rosen, *Can quantum-mechanical description of physical reality be considered complete?* in Phys. Rev., vol. 47, 1935, pp. 777-780.

[55] J.S. Bell, *On the Einstein Podolsky Rosen Paradox*, in Physics 1, 1964, pp. 195-200.

babilità misure di *spin* su angolazioni intermedie rispetto alle sole ortogonali, mettendo così insieme più variabili, in un nuovo esperimento mentale. Poté così dimostrare che la condizione di realismo locale impone restrizioni nelle correlazioni statistiche previste tra le misure su particelle *entangled.*

Egli concluse che la meccanica quantistica è una teoria intrinsecamente non locale (cioè che porta necessariamente a negare il principio di località), non potendo contenere variabili nascoste che inficino tale caratteristica. Essa può essere accettata come tale o rifiutata (in attesa, ovviamente, di una prova sperimentale) ma è coerente e non ci sono variabili impreviste o non ancora identificate.

Il teorema di Bell è anch'esso un esperimento mentale: pura teoria, sebbene inappuntabile e sviluppato in forma matematica. Ma le diseguaglianze che egli ha dimostrato (le cosiddette diseguaglianze di Bell) permettono una verifica sperimentale mediante l'effettiva misurazione delle caratteristiche degli oggetti esaminati. Alcuni esperimenti (il primo fu di Alain Aspect[56], in Francia), negli anni Ottanta e Novanta, confermarono i fenomeni di *entanglement*; essi tendevano, cioè, a provare l'esistenza delle azioni a distanza e della non località che l'esperimento EPR voleva mettere in dubbio. Almeno con grande probabilità: qualche dubbio persisteva alla fine del secolo scorso, poiché si poteva ancora supporre che tali esperimenti contenessero dei vizi metodologici.

In linea teorica, in questi esperimenti c'era pur sempre la possibilità che le scelte relative all'impostazione dell'esperimento fossero influenzate da variabili nascoste, come ipotizzato da Einstein. Le misurazioni non erano abbastanza numerose né abbastanza randomizzate, pochi gli oggetti e le grandezze misurate. Insomma, si poteva pensare che ci fosse una scappatoia,

[56] A. Aspect, P. Grangier e G. Roger, *Experimental Tests of Realistic Local Theories via Bell's Theorem*, in Physical Review Letters, vol. 47, 1981, p. 460.

un cavillo cui aggrapparsi o una falla nell'esecuzione dell'esperimento. Serviva qualcosa che fosse a prova di scappatoia: *loophole free*, secondo il titolo con cui il primo esperimento di questo tipo fu presentato su Nature nel 2015[57], più di cinquant'anni dopo l'esperimento mentale di Bell. L'esperimento è durato 220 ore e ha ripetuto 245 volte le misurazioni dello *spin* di elettroni *entangled*, a più di un chilometro di distanza.

L'anno successivo è stata messa in piedi una collaborazione internazionale, detta Big Bell Test, che ha riunito dodici laboratori distribuiti nei cinque continenti, i quali hanno effettuato tredici esperimenti nel corso della stessa giornata, il 30 novembre 2016; gli esperimenti sono relativi a diverse entità di interesse quantistico, come fotoni, singoli atomi, gruppi di atomi e superconduttori. Una sorta di videogioco online garantiva l'imprevedibilità delle scelte. Quasi 100.000 partecipanti al gioco hanno generato 97.347.490 scelte casuali, che sono state indirizzate via web ai laboratori coinvolti.

Il più ampio numero di misurazioni su diversi oggetti e la totale casualità delle scelte hanno garantito l'attendibilità dei risultati, sui quali ormai non esistono più dubbi nel mondo scientifico.

Gli esperimenti hanno dimostrato "un forte contrasto con il realismo locale, usando impostazioni di misurazione scelte da decine di migliaia di partecipanti umani globalmente distribuiti. I risultati hanno inoltre *dimostrato empiricamente* che l'indipendenza delle impostazioni di misurazione – qui fornita dalla componente umana – è in forte contrasto con il determinismo causale, *argomento precedentemente accessibile alla sola metafisica*. Gli esperimenti *rigettano il realismo locale* in un'ampia varietà di sistemi fisici e scenari"[58].

---

[57] B. Hensen, H. Bernien, A.E. Dréau et al., *Loophole-free Bell inequality violation using electron spins separated by 1.3 kilometres*, in Nature, vol. 526, 2015, pp. 682–686.

[58] A. Acín, A. Alarcón, O. Alibart, C.K. Andersen, F. Andreoli, A. Beckert,

La scarna conclusione, nel suo freddo linguaggio scientifico, è una pietra miliare non soltanto nel campo della fisica, ma nella storia dell'umanità. Peccato che non abbia avuto la diffusione e il risalto che avrebbe meritato al di fuori dell'ambito scientifico. Ma è bene comprenderne a fondo il significato, con parole meno tecniche, ma più espressive.

Essa ci dice che effettivamente due entità concrete – non astratte o filosofiche, ma elettroni, fotoni, atomi interi e gruppi di atomi più o meno grandi – possono essere collegate in modo affatto ignoto, talché ciascuna risponda istantaneamente e dovunque a ciò che accade all'altra. Afferma che, forse, tempo e spazio non sono le entità rigide ed inderogabili suggerite dal senso comune, ma piuttosto qualcosa di misterioso, dal quale la materia e i fenomeni fisici possono essere indipendenti, pro-

---

F.A. Beduini, A. Bendersky M. Bentivegna, P. Bierhorst, D. Burchardt, A. Cabello, J. Cariñe, S. Carrasco, G. Carvacho, D. Cavalcanti, R. Chaves, J. Cortés-Vega, A. Cuevas, A. Delgado, H. de Riedmatten, C. Eichler, P. Farrera, J. Fuenzalida, M. García-Matos, R. Garthoff, S. Gasparinetti, T. Gerrits, F. Ghafari Jouneghani, S. Glancy, E.S. Gómez, P. González, J.Y. Guan, J. Handsteiner, J. Heinsoo, G. Heinze, A. Hirschmann, O. Jiménez, F. Kaiser, E. Knill, L.T. Knoll, S. Krinner, P. Kurpiers, M.A. Larotonda, J.Å. Larsson, A. Lenhard, H. Li, M.H. Li, G. Lima, B. Liu, Y. Liu, I.H. López Grande, T. Lunghi, X. Ma, O.S. Magaña-Loaiza, P. Magnard, A. Magnoni, M. Martí-Prieto, D. Martínez, P. Mataloni, A. Mattar, M. Mazzera, R.P. Mirin, M.W. Mitchell, S. Nam, M. Oppliger, J.W. Pan, R.B. Patel, G.J. Pryde, D. Rauch, K. Redeker, D. Rieländer, M. Ringbauer, T. Roberson, W. Rosenfeld, Y. Salathé, L. Santodonato, G. Sauder, T. Scheidl, C.T. Schmiegelow, F. Sciarrino, A. Seri, L.K. Shalm, S.C. Shi, S. Slussarenko, M.J. Stevens, S. Tanzilli, F. Toledo, J. Tura, R. Ursin, P. Vergyris, V.B. Verma, T. Walter, A. Wallraff, Z. Wang, H. Weinfurter, M.M. Weston, A.G. White, C. Wu, G.B. Xavier, L. You, X. Yuan, A. Zeilinger, Q. Zhang, W. Zhang, J. Zhong, *Challenging local realism with human choices*, in Nature, vol. 557, 2018, pp. 212–216.

Ho riportato l'intero elenco degli autori: è un lavoro corale e c'è tutto il mondo, Italia compresa.

prio nel senso di essere letteralmente e realmente svincolati dalle barriere apparentemente inesorabili del tempo e della distanza. O, forse, che la materia non è quella cosa che siamo abituati a pensare e che apparentemente si manifesta attraverso un deterministico realismo locale, ma qualcosa di diverso e ancora ignoto, la cui essenza è l'idea, come ipotizzato da Platone nell'antichità e da Heisenberg in tempi più moderni. Ci conferma, inoltre, che possibilità indeterminate si realizzano in un dato di fatto soltanto al momento della loro misurazione e che l'osservatore influisce sulla realtà con il suo atto di rilevare e misurare. Ci dice che il principio tradizionale di causalità, che presuppone un qualche contatto (diretto o mediato) tra due entità, non ha il valore assoluto finora attribuitogli e che i paradossi quantistici esistono anche per oggetti non quantistici.

Ci dice, in sostanza, che *la realtà non è come appare*, perché ciò che cade sotto i nostri sensi non è che l'ombra ingannevole di una verità nascosta; ma, a differenza che nell'Atene di Platone, tale concetto è oggi accessibile all'intelletto umano attraverso gli strumenti del metodo scientifico. La verità, che Platone chiamava idea, non è più confinata oltre i confini dell'universo (nell'iperuranio) ma fa parte della realtà dell'universo: non è lontana (oltre il cielo), è solo nascosta ai sensi, pur restando accessibile al metodo scientifico.

Inoltre, l'esperimento "dimostra empiricamente" un concetto che precedentemente era "accessibile alla sola metafisica": proprio così, la scienza è subentrata alla filosofia con la dimostrazione empirica di un concetto metafisico. L'inconsistenza del realismo locale e del concetto classico di causalità non è più un fatto puramente filosofico: è stata dimostrata empiricamente, dopo essere stata ipotizzata astrattamente in forma matematica.

Il Big Bell Test è un'impresa grandiosa, epocale, che deve essere conosciuta e meditata, perché non riguarda soltanto la scienza. Riguarda anche la cultura, la visione del mondo, l'idea che abbiamo di noi stessi. Ma ha qualche effetto collaterale increscioso o, se vogliamo, qualche vittima illustre: il senso comune, la logica aristotelica, la classica meccanica di Galileo e Newton perdono il loro valore assoluto e vengono ridimensionati al ruolo di più umili strumenti della vita quotidiana. Validi per lo studio empirico di molti fenomeni, ma del tutto inutili per conoscere la più vera *natura delle cose*.

Tutto ciò non può non essere sconcertante e per certi versi allarmante. Sembra volerci allontanare dal mondo rassicurante delle comuni esperienze e della scienza tradizionale per proiettarci, come Alice, in un paese delle meraviglie. Solo che tutto ciò è sperimentalmente provato e sorretto da rigorose dimostrazioni matematiche. È così vero e concreto che stanno nascendo, o sono in studio, le prime applicazioni tecnologiche, come il calcolatore quantistico ed il teletrasporto.

Si direbbe che sia finalmente iniziato il "mattino dei maghi" immaginato da Pauwels e Bergier[59].

Chi lo desidera, può ora abbandonare la caverna delle ombre illusorie ed affrontare la realtà.

---

[59] J. Bergier, L. Pauwels, *Le matin des magiciens*, Parigi, Gallimard, 1960.

IX

Il punto di vista di un fisico sulla rivoluzione quantistica (di Ermanno Ciani)

L'avvento della fisica quantistica non è stata una semplice rivoluzione, ma un terremoto di massima magnitudine che ha scardinato i pilastri portanti della fisica classica. Inoltre, il nuovo paradigma di studio delle particelle elementari ha generato implicazioni che sconfinano nella parte più profonda dell'essere umano, dove vivono le intuizioni e i pensieri.

È molto difficile elaborare una teoria scientifica per descrivere fenomeni che esulano completamente dall'esperienza comune e da ciò che è quotidianamente percettibile. Diventa arduo capire e definire situazioni dove si manifestano eventi in contraddizione tra loro o fatti paradossali dove neanche l'immaginazione può esserci di aiuto. Per riuscire a risolvere questo, fisici e matematici usano, con incredibile successo, un linguaggio altamente simbolico e sintetico: quello della matematica. La matematica gode della capacità di poter creare modelli virtuali della realtà che trovano precise corrispondenze con i fatti concreti. Inoltre è addirittura in grado di fare esperimenti virtuali su modelli virtuali che coincidono con quelli reali. Ad esempio, la precisione delle previsioni sugli elettroni, in campo quantistico, arriva fino alla decima cifra dopo la virgola. Queste capacità non sono solo singolari, ma le definirei, in un certo qual modo, altamente sospette. Perché la corrispondenza tra la realtà e la forma di pensiero più economica nella sua struttura, più precisa e più logica che abbiamo è così perfetta?

Chiaramente in questo contesto non interessano i procedimenti matematici né le tecniche specifiche di laboratorio. Queste le lasciamo agli esperti. È importante invece capire come le scoperte quantistiche modificano il nostro modo di pensare e di percepire quella cosa che chiamiamo realtà.

Vediamo ora quali sono le differenze fondamentali tra la fisica, o meccanica, classica e la fisica, o meccanica, quantistica.

Caratteristiche della fisica classica:

1. Esiste il concetto di *materia* o *oggetto* che è reale e perfettamente determinato nelle sue caratteristiche. È concettualmente misurabile con una precisione che è limitata solo dalle possibilità dello strumento usato. Oggetto ed osservatore sono due entità distinte. Un sasso resta tale sia prima che dopo averne misurato il peso, le dimensioni, la sua velocità di caduta o di lancio eccetera. Queste caratteristiche sono definite, in linguaggio accademico, realismo.

2. L'oggetto in questione è perfettamente localizzato nello spazio, in una posizione ben definita, e non può occupare lo spazio di un altro. Un oggetto può interagire con gli altri oggetti, situati altrove, solo attraverso segnali. Queste caratteristiche sono definite localismo.

3. Supponiamo di voler lanciare una navicella su Marte. Si devono conoscere alcune condizioni iniziali: la spinta dei motori, la massa della navicella, la sua orbita iniziale attorno alla Terra, poi l'arco della traiettoria successiva ed altro. Inoltre si deve conoscere la posizione di Marte al momento del lancio, l'orbita di Marte, la velocità con la quale la percorre ed altro. L'avere determinato queste condizioni iniziali permette di collocare l'esatto punto di incontro dei due oggetti dopo mesi dal lancio. Nella fisica classica la conoscenza dello stato iniziale di un sistema determina quella di tutti gli altri stati successivi. Questa caratteristica è definita determinismo.

Le colonne portanti della fisica classica sono: realismo, localismo e determinismo. Einstein fece di questo la sua bandiera. Tali caratteristiche sono tutte verificabili negli oggetti macroscopici, cioè quelli composti da miriadi di miriadi di miriadi di particelle elementari, ovvero gli oggetti osservabili nell'esperienza quotidiana. Verrebbe ora da pensare, e il buon senso lo suggerisce, che le caratteristiche degli oggetti macroscopici siano il prodotto delle stesse caratteristiche dei microscopici mattoncini che li compongono. Non è affatto così.

Caratteristiche della fisica quantistica:

1. Non esiste una realtà ben definita della particella. Essa si trova in stati sovrapposti. In fisica questo vuol dire che la particella si trova contemporaneamente in stati diversi, ma solo come probabilità. È l'atto dell'osservazione che le permette di scegliere uno stato nel quale collassare mostrandosi così in forma materiale reale. Noi possiamo valutare tutte le sue probabili possibilità di scelta e causarne una con la nostra osservazione. Ma alla fine la scelta sarà soltanto sua. Fine del realismo.
2. È possibile che, in determinate condizioni, ciò che avviene in un dato luogo possa modificare istantaneamente, ovvero a velocità infinita, lo stato di ciò che si trova in un altro luogo, a qualunque distanza esso sia. È il fenomeno dell'*entanglement*. Fine del localismo.
3. Materia ed energia possono, per tempi brevissimi, scaturire dal nulla. Inoltre, l'imprecisione della misura non dipende dall'inefficienza dello strumento usato, ma da uno stato di fondo della realtà. Lo stato della materia non può essere esattamente e contemporaneamente *conosciuto in tutti i suoi dettagli perché non è determinato già in partenza*. È il principio di indeterminazione di Heisenberg. Fine del determinismo.

Tutte queste caratteristiche derivano dai risultati di precisi esperimenti scientifici. Viene ora da chiederci come mai gli oggetti macroscopici non mostrano le stesse caratteristiche quantistiche. Perché ciò avvenga sarebbe necessario che tutte le miriadi di particelle che compongono l'oggetto assumessero contemporaneamente un identico stato quantistico. L'improbabilità di un tale evento è così alta che si confonde tranquillamente con l'impossibilità.

Vediamo, dunque, quali sono i fatti che hanno portato alla nascita della meccanica quantistica. In questo ci terremo a distanza di sicurezza dalla matematica, evitando così di scendere nei dettagli. Ci limiteremo al sodo delle esperienze. Facciamo ora un piccolo salto indietro nel tempo. Piccolo, in modo da non scomodare antichi filosofi greci e cinesi con le loro formidabili intuizioni. Ricordiamo, però, che questi non avevano gli acceleratori di particelle e questo dovrebbe già farci riflettere.

Nel XIX secolo, i successi della chimica e alcune scoperte sulle proprietà della materia avevano riportato alla ribalta l'antica idea dell'atomo. La prima teoria atomica moderna fu formulata da Dalton nel 1803: la materia non è continua, ma è composta da particelle che non sono ulteriormente divisibili né trasformabili. Nel 1869, la tavola periodica di Mendeleev permise di raggruppare gli atomi secondo le loro proprietà chimiche, facendo così scoprire leggi di carattere periodico.

Nel 1874, George Stoney scoprì l'elettrone. Nel 1897, Joseph J. Thomson ipotizzò che l'atomo fosse una sfera omogenea composta da particelle più piccole, con carica positiva, e di elettroni di pari carica negativa, non ancora localizzati nello spazio. Nel 1912, Ernest Rutherford scoprì il nucleo bombardando una lamina d'oro con particelle alfa emesse dal polonio radioattivo. Ipotizzò che la massa e la carica positiva fossero concentrati in una zona piccolissima dell'atomo, che chiamò nucleo. Riteneva inoltre che gli elettroni si trovassero in una zona periferica ad enorme distanza dal nucleo. L'atomo era così costituito come un immenso vuoto con una piccolissima quantità di materia. Nel 1913, questo modello fu migliorato da Niels Bohr, con l'idea che gli elettroni ruotassero intorno al nucleo. Un modello che ricordava molto da vicino il sole circondato da suoi pianeti. Fu un modello così suggestivo che tuttora, dopo un secolo, seppure ampiamente superato, è presente nell'immaginario collettivo. Infatti ancora oggi è utilizzato come simbolo dell'atomo. Tuttavia questo modello aveva un difetto ben noto agli scienziati. Infatti, se gli elettroni ruotassero intorno al nucleo, sarebbero sottoposti ad una accelerazione. La teoria elettromagnetica di Maxwell prevedeva che le radiazioni emesse, per una carica in moto accelerato, avrebbero avuto un'intensità tale da portare l'atomo al collasso. Al contrario, la materia è normalmente stabile. Malgrado questo difetto, il modello riusciva a spiegare parecchi fenomeni. Nel 1919, Rutherford scoprì il protone e, nel 1932, Chadwick scoprì il neutrone. Siamo così arrivati al modello atomico composto da protoni e neutroni, che formano il nucleo centrale, con gli elettroni lontanissimi in periferia. Questo modello è familiare a tutti e, col passare del tempo, si è arricchito di altre particelle elementari, oltre alle tre che abbiamo visto. Per inciso, oggi si utilizza il cosiddetto *modello standard*. Non c'è più una descrizione geometrica, ma una tabella che raggruppa particelle e antiparticelle secondo le loro caratteristiche. Non ci sono più i protoni e i neutroni che hanno dominato la scena per decenni. Al loro posto ci sono i quark, dai quali essi sono composti. Anche se questo modello ha avuto un grosso successo nello spiegare i risultati sperimentali, esso non è stato mai accettato come una teoria completa e definitiva dalla fisica sperimentale.

Per iniziare ad entrare nel mondo della meccanica quantistica ci occuperemo ora di una particella che fu origine e causa della nuova visione: il fotone. La parola fotone deriva dal greco φῶς - φωτός (*phos – photos*), che significa luce. Fu coniata nel 1926, a Parigi, dal fisico ottico Frithiof Wolfers. Il fotone è indicato in fisica con la lettera greca minuscola γ (gamma). È privo di massa ed ha carica elettrica zero. Per la teoria della relatività, poiché privo di massa, può viaggiare sempre alla velocità della luce, la massima possibile nello spazio. Sottolineo le parole *nello spazio*. Secondo le più recenti teorie cosmogoniche e alla luce della meccanica quantistica, l'entità che costituisce la struttura dello spazio, da noi a torto considerato vuoto, può espandersi, in tempi brevissimi, a velocità infinitamente superiore a quella della luce. Il concetto di fotone fu introdotto per spiegare le contraddizioni emerse tra l'elettromagnetismo classico e gli esperimenti condotti tra la fine del XIX e l'inizio del XX secolo. Secondo la consolidata teoria di Maxwell, la luce, le onde radio, i raggi UV ed altro, sono tutte radiazioni elettromagnetiche, cioè campi elettrici e magnetici che si propagano nella materia e nel vuoto sotto forma di onde. D'altra parte fenomeni come la rifrazione e la diffrazione della luce si spiegano solo con la sua natura ondulatoria. A riprova di ciò, nel 1805, Thomas Young e dopo di lui Augustin-Jean Fresnel, con l'esperimento della doppia fenditura, dimostrarono che la luce formava figure di interferenza, cosa possibile solo alle onde e non alle particelle (per chi lo volesse, questo esperimento è visibile su internet digitando "esperimento a doppia fenditura di Young e Fresnel", si devono citare i nomi degli scienziati perché il metodo della doppia fenditura è stato usato in esperimenti diversi). Ma c'era un grosso problema da risolvere. Alcune volte la luce mostrava il suo aspetto ondulatorio, altre volte quello corpuscolare. È il caso dell'effetto fotovoltaico, o Compton, dove la luce estrae elettroni dal materiale che colpisce, come del resto accade nei comuni pannelli fotovoltaici. Ciò può farlo solo come particella. Un elettrone alloggia comodamente nell'atomo in equilibrio con le altre forze elettriche interne e per sloggiarlo occorre una precisa quantità di energia che solo un'altra particella può conferirgli. Un'onda occupa un certo volume di spazio e porta un continuo flusso di energia alternante. Proviamo ad immaginare una partita di biliardo. Se vogliamo che una palla ferma, dopo aver rimbalzato tra due sponde, finisca dritta in buca, dobbiamo colpirla con una palla di dimensioni simili e con una certa energia. Se usassimo invece una luce o un suono (cioè delle onde), non riusciremmo facilmente a farla muovere.

Tra il 1900 ed il 1905, Max Planck ed Albert Einstein introdussero il concetto di particella come costituente elementare indivisibile delle radiazioni elettromagnetiche. Quindi non c'è più un flusso continuo di energia, ovvero onde, ma piccoli pacchetti energetici isolati e portatori di quantità precise di energia. Fu Planck a coniare il termine fisico *quantum* mutuandolo dal latino (in italiano *quanto*, come dire *un tot*). La spiegazione dell'effetto Compton per mezzo dei quanti fatta da Einstein gli fruttò il premio Nobel, che invece non prese per la teoria della relatività. Possiamo considerare Planck ed Einstein i padri della teoria quantistica, anche se quest'ultimo si dimostrò un padre tutt'altro che affettuoso. Questo evidente dualismo onda-particella lasciò interdetti parecchi scienziati. Il fotone mostrava una personalità decisamente schizofrenica. Poi le cose peggiorarono ancora.

Nel 1924, nella tesi per la quale ebbe il Nobel, Louis-Victor De Broglie illustrò un'idea ardita e geniale. Ipotizzò che quello che accadeva alla luce era comune a tutta la materia. Formulò una teoria che associava ad ogni corpuscolo di materia un'onda di determinata lunghezza, la quale è una misura dell'onda stessa. Espresse questo con un'equazione molto semplice. Nel 1926, il fisico matematico Erwin Schrödinger formulò un'equazione, molto più complessa, che permetteva di descrivere compiutamente ogni singola proprietà ondulatoria della materia. Questa equazione introduceva la funzione d'onda, indicata con la lettera greca ψ (psi) che, oltre a descrivere ogni singolo comportamento nello spazio e nel tempo delle particelle elementari, permetteva di calcolare la possibilità statistica di localizzare la particella nello spazio occupato dall'onda. Nel 1927, il fisico americano Clinton Davisson, aiutato dal collega Lester Germer, condusse un esperimento fondamentale. Si racconta che mentre Davisson faceva delle ricerche sugli elettroni, per conto della Bell

Telephone company, un incidente di laboratorio modificò lo stato di alcuni componenti e questo permise l'esperienza, ma forse è una leggenda; io credo che in realtà sapesse cosa stava cercando. Scoprì che anche gli elettroni, in un esperimento simile a quello delle due fenditure, si comportavano come i fotoni. Anche gli elettroni potevano comportarsi come onde o particelle secondo il tipo di esperimento fatto. Ricordiamo che gli elettroni – al contrario dei fotoni che sono pura energia – hanno anche una massa. Fu la prima conferma sperimentale della geniale intuizione di De Broglie. Seguirono esperimenti successivi che, oltre a confermare i dati di Davisson e Germer, mostravano che anche atomi e molecole avevano un andamento ondulatorio. Risultò, infine, che qualsiasi oggetto ha un'onda associata: un elettrone, un moscone, una zucchina, un'automobile, una persona eccetera. Man mano che la massa aumenta però l'onda diviene sempre più piccola. Per gli oggetti macroscopici l'onda associata è del tutto insignificante, invece per le particelle ha dimensioni maggiori delle stesse. Ora che i calcoli erano stati sistemati, le equazioni di Schrödinger avevano un'ottima corrispondenza con i dati sperimentali: si sarebbe potuto dire "e vissero tutti felici e contenti". Ma non andò così. Il dualismo onda-particella non aveva giustificazioni agli occhi della fisica classica. Occorreva un salto di qualità mentale, un totale cambiamento di prospettiva. Lo fece in quel periodo il fisico Max Born, dando una interpretazione in chiave quanto-meccanica del dualismo. L'idea rivoluzionaria di Born trasformava in probabilità la possibilità statistica di Schrödinger di trovare una particella all'interno dell'onda associata. Nella fisica classica, quando non è possibile arrivare ad un risultato certo, si ricorre al calcolo delle probabilità, che fornisce una rosa di valori possibili. Si tratta di una questione pratica, non di principio. Per Born, invece, l'esatto risultato di un esperimento era imprevedibile anche in linea di principio. Poiché la materia ha un comportamento ondulatoriocorpuscolare, non è più possibile fare previsioni certe circa l'evoluzione di un microsistema. La probabilità ci dice che la particella potrebbe occupare tutte le posizioni possibili all'interno dell'onda associata. Questo vuol dire che la particella, occupando tutte le posizioni possibili, non ha più una localizzazione ed una traiettoria ben definite. Abbiamo visto che la fisica classica ha bisogno dell'esatto valore delle condizioni iniziali per poter determinare l'evoluzione di un sistema. L'idea di Born sanciva la fine del determinismo: quell'esatto valore non è ottenibile. Nel mondo della fisica si scatenò una ridda di diatribe. Lo stesso Schrödinger assunse un atteggiamento fortemente critico verso la nuova idea. Ma Born ebbe il premio Nobel nel 1954 – circa trent'anni dopo – perché la sua idea era in perfetto accordo con i risultati sperimentali. Nel 1927, il fisico tedesco Werner Heisenberg scoprì che la natura probabilistica poneva grossi limiti al grado di conoscenza di un sistema atomico. Se si misurava esattamente la velocità di una particella, la sua posizione restava indeterminata e viceversa. Lo stesso valeva anche per la coppia energia e tempo. Formulò tutto questo con una semplice equazione chiamata principio di indeterminazione. Il prodotto della velocità per la posizione di una particella deve essere inferiore, o al massimo uguale, ad h, la costante di Planck. Lo stesso vale anche per il prodotto della coppia energia per tempo. Quest'ultima equazione ha delle conseguenze incredibili. Se un fatto accade in un tempo estremamente breve, cioè si ha una misura estremamente precisa del tempo, questo lascia all'energia un campo incredibilmente libero. Per questo si assiste a fenomeni dove massa ed energia scaturiscono dal nulla per tempi brevissimi. Ricordiamo che, per una nota equazione di Einstein – ormai la si può vedere scritta anche sulle T-shirt – massa ed energia si equivalgono. A proposito di Einstein, in seguito all'introduzione del probabilismo quantistico pronunciò la celebre frase "sembra difficile dare uno sguardo alle carte che Dio ha nelle Sue mani, ma neppure per un istante posso credere che Egli giochi a dadi"[60]. Questa teoria proprio non gli andava giù.

Il probabilismo quantistico era definito: è la cosiddetta interpretazione di Copenaghen. Copenaghen era la città di Bohr con il quale collaboravano Heisenberg, Pauli, Born e Dirac, tutti sostenitori di questa ipotesi. Nacque una polemica tra Einstein e Born negli anni Trenta. Einstein formulava paradossi concettuali, derivanti dalla teoria quantistica, che però Born risolveva ogni volta. Rimase irrisolto solo il paradosso EPR, detto così dalle iniziali di Einstein, Podolsky e Rosen, i tre fisici che lo proposero. È piuttosto difficile da descrivere, si tratta, comunque, di esperimenti mentali particolari in cui particelle lontane, cioè non locali, si influenzano tra loro istantaneamente, ovvero con velocità infinitamente superiore a quella della luce: cosa che sembra impossibile. Vediamo di semplificare tutto questo con un esempio in campo macroscopico, dove però sappiamo che la meccanica quantistica non vale. Supponiamo di avere un paio di guanti[61] quantistici, un mago ce li ha forniti. Ne chiudiamo uno in una scatola e l'altro in un'altra. Poiché i guanti sono quantistici, in ogni scatola avremo un guanto in sovrapposizione di stati, cioè sarà contemporaneamente destro e sinistro. Solo all'atto dell'apertura della scatola, il guanto collasserà in una forma definita, ma se un guanto diventa destro, l'altro è costretto a diventare sinistro. Ora, prima di aprire la nostra scatola, trasferiamo l'altra, sempre grazie al mago di prima, in un punto lontano della galassia. Ma come può il guanto lontano diventare sinistro istantaneamente, nel preciso istante in cui apriamo qui la nostra scatola? Il quesito

---

[60] Citato in T. Cantalupi, D. Sant'Arcangelo: *Psiche e realtà*, Tecniche nuove, 2015, p. 179

[61] L'esempio dei guanti non è originale, è stato già usato in T. Cantalupi, F. Uccelli: Concetti e implicazioni della teoria quantistica, p. 50 (https://musicaeconoscenza.it/newp/wp-content/uploads/2020/06/FQ-Concetti.pdf)

rimase senza soluzione, Born non sapeva cosa rispondere. Nel 1965, il fisico John Stewart Bell propose un esperimento molto simile all'EPR, detto teorema di Bell, che non era solo mentale, poiché poteva essere verificato in laboratorio. Questo esperimento avrebbe potuto mettere una parola definitiva nella diatriba tra l'ipotesi quantistica e quella classica. In quegli anni, però, non c'era ancora la tecnologia per eseguirlo. Nei primi anni Ottanta il fisico francese Alain Aspect, dell'Istituto di ottica dell'Università di Parigi, con l'aiuto di sofisticate apparecchiature, realizzò l'esperimento correttamente (su internet potete trovare gli schemi dei suoi esperimenti digitando "esperimento di Aspect"). Cerchiamo di raccontarlo in forma semplice: Aspect generò una coppia di fotoni correlati da un unico evento, cioè, in parole povere, nati insieme. Un fotone si allontanò verso sinistra e l'altro verso destra alla velocità della luce. Mentre il percorso di un fotone era libero, l'altro impattava su un cristallo birifrangente. La proprietà di questo cristallo è che può lasciar passare il fotone dritto oppure deviarlo con probabilità pari al cinquanta per cento. Nessuno poteva sapere che cosa il fotone avrebbe fatto. Ebbene il fotone gemello, con il percorso libero, replicava esattamente e istantaneamente ciò che faceva quello che attraversava il cristallo deviante. Questo esperimento fu ripetuto a varie distanze ed in vari modi con uguale risultato. Ricordiamo che i fotoni viaggiano alla velocità della luce, la massima consentita nello spazio. Quand'anche il gemello del cristallo avesse inviato un qualche segnale, alla velocità della luce, all'altro che viaggiava in direzione opposta, il segnale non avrebbe mai colmato lo spazio che li separava, poiché entrambi avevano la stessa velocità.

Fine del localismo. Einstein aveva torto. Va detto, in suo onore, che nella lettera spedita il 15 febbraio 1954 a Louis De Broglie, Einstein diceva scherzosamente "io devo rassomigliare ad uno struzzo che nasconde continuamente la sua testa nella sabbia relativistica per non avere da guardare in faccia questi cafoni quanti"[62].

Sembrerebbe dunque che le particelle correlate, nate da uno stesso evento, possono in qualche modo dialogare tra di loro. Questo fenomeno in fisica si chiama *entanglement*. Viene ora spontanea una riflessione: poiché tutto l'universo è nato nello stesso evento, il Big Bang, c'è un *entanglement* di fondo?

Ci sono, però, altre sorprese. Torniamo all'esperimento delle due fenditure ripetuto e studiato in vari modi (anche qui consiglio di servirsi di internet). Cerco ora di riassumerne brevemente uno classico, quello con gli elettroni. Immaginiamo un pannello con una fenditura verticale dietro al quale è posto uno schermo. Se bombardiamo il pannello con piccoli pezzetti di materia, per esempio palline in grado di lasciare un segno, alcune riusciranno a passare attraverso la fenditura formando sullo schermo retrostante una striscia di punti. Se pratico una seconda fenditura vicino alla prima e ripeto il lancio di palline, otterrò sullo schermo posteriore una seconda striscia in corrispondenza della seconda fessura, perciò due strisce di punti. Questo è il comportamento degli oggetti materiali. Ora, se invece delle palline usiamo onde, si formerà, come già sappiamo per l'esperimento di Young, una figura di interferenza. Questo esperimento fu realizzato con elettroni, che sono particelle dotate di massa e quindi dovrebbero comportarsi come le palline. Sparando elettroni, quando c'è una sola fenditura, si forma sullo schermo una striscia di punti, come ci si aspetta. Praticando un'altra fenditura vicino alla prima e bombardando con gli elettroni, si forma sorprendentemente una figura di interferenza: gli elettroni si trasformano in onde. Si ipotizzò che, in qualche modo, gli elettroni interferissero tra di loro. Per evitare questo, si pensò di mandare, pazientemente, un solo elettrone alla volta. Questo

---

62 Lettera di Einstein a de Broglie in L. De Broglie: *Nuove prospettive in Microfisica*. Fratelli Fabbri Editori, 1969

doveva scegliere una fenditura per cui passare e quindi non poteva fare interferenza con sé stesso. Invece, dopo avere lanciato parecchi elettroni singoli, si formò di nuovo la figura di interferenza: davanti alle due fenditure l'elettrone diventava onda. Poiché non si sapeva in quale fenditura fosse passato l'elettrone, era come se questa forma di incertezza provocasse la forma d'onda. Allora si decise di porre un rilevatore su una sola fenditura per verificare dove il singolo fotone sarebbe passato. In questo modo l'osservatore poteva vedere o dedurre quale fenditura era stata scelta. Ebbene, in questo caso, in cui si aveva certezza del passaggio delle particelle, l'elettrone tornava a comportarsi come tale: niente interferenza. Dunque l'atto di osservazione dello sperimentatore determinava il collasso in materia degli elettroni. Oggetto sperimentato ed osservatore non erano più entità separate, quindi l'atto di osservazione assumeva il sapore di un atto creativo. Fu contestato che il meccanismo fisico, che permetteva l'osservazione del passaggio, avrebbe inficiato il valore dell'esperimento perché l'intervento sull'elettrone poteva determinarne il collasso. Il fisico Mandel (vedi sempre su internet "esperimento di Mandel") ideò un esperimento più complesso dove, senza alcun intervento fisico, l'osservatore poteva dedurre il luogo del passaggio. I risultati furono di nuovo favorevoli alla teoria quantistica.

Vediamo ora qualche commento di alcuni scienziati su questi fatti:

Niels Bohr afferma[63] che "la differenza fondamentale, rispetto all'analisi dei fenomeni, tra fisica classica e fisica quantistica è che nella prima l'interazione tra gli oggetti e gli apparati di misura può venire trascurata o eliminata, mentre nella seconda è parte integrante del fenomeno".

---

[63] Citato in T. Cantalupi, F. Uccelli: *Concetti e implicazioni della teoria quantistica*, p. 14 https://musicaeconoscenza.it/newp/wp-content/uploads/2020/06/FQ-Concetti.pdf

Brian Josephson, Nobel della fisica, dichiara[64] che "l'universo non è una collezione di oggetti, ma una inseparabile rete di modelli di energia vibrante nei quali nessun componente ha realtà indipendente dal tutto, includendo nel tutto l'osservatore".

Augusto Shantena Sabbadini, fisico, sostiene[65] che è possibile "dire che l'esperimento di Aspect ha dimostrato che il mondo non ammette una descrizione oggettiva: il mondo non è fatto di 'cose'. La scoperta paradossale a cui siamo arrivati nella nostra discesa nel cuore della materia è che... la materia non esiste! O, detto in altri termini, la 'materia' è qualcosa di profondamente diverso da come ce la rappresentiamo ordinariamente, qualcosa di intimamente implicato, in un senso non ancora del tutto compreso, con ciò che chiamiamo 'mente' o 'coscienza'".

Appare chiaro che il messaggio di fondo che ci suggeriscono i paradossi della meccanica quantistica è che viviamo in una realtà dove crollano tutte le certezze, proprio come suggerisce il principio di indeterminazione di Heisenberg. Niente è più predefinito, niente è più determinato. Inoltre l'intervento dell'osservatore modifica la futura evoluzione delle cose. Questo prefigura uno stato di continua assunzione di responsabilità, il che potrebbe creare una certa forma d'ansia. Ma se, con coraggio, cambiamo prospettiva, ne cogliamo il lato positivo. Potremo così trasformare il principio di indeterminazione in principio di libertà. Grazie, Heisenberg, per averci donato la chiave della prigione.

---

[64] Citato in T. Cantalupi, D. Sant'Arcangelo: Psiche e realtà, Tecniche nuove, 2015, p. 204

[65] Lao Tsu: *Tao Te Ching*. Traduzione e cura di A. Shantena Sabbadini, URRA 2009, introduzione

X

Le stringhe

Fin qui ci siamo attenuti a ciò che la scienza ha potuto provare empiricamente, dopo averlo coraggiosamente ipotizzato con l'aiuto di funzioni matematiche. Siamo rimasti, voglio dire, con i piedi ben piantati per terra, rassicurati dal fatto che quei concetti, sebbene difficilmente comprensibili e così diversi dall'esperienza quotidiana e dal senso comune, fossero certificati da prove concrete, verificate e verificabili.

Resta da vedere qualcos'altro: alcune ipotesi non suffragate finora da prova alcuna e che forse mai lo saranno, ma credibili ed affascinanti, volte a spiegare in modo più compiuto la *natura delle cose*.

Infatti, come è inevitabile, la scienza non ha smesso di fare ipotesi, spinta dall'ambizione di trovare una teoria unica, capace di includere la totalità di tutti i fenomeni e di tutte le forze in gioco.

In fondo, anche i moderni scienziati, come gli antichi alchimisti, sognano di scoprire "le meraviglie della cosa unica" prospettata da Ermete Trismegisto nella *Tabula smaragdina*[66].

Tale sintesi è stata inseguita per oltre un secolo, da quando Maxwell aveva unificato luce, elettricità e magnetismo in un'unica realtà (il campo elettromagnetico), ma è sfuggita alle più grandi menti del Novecento. Anzi, la fisica sembra volersi dispettosamente allontanare dall'unificazione: se inizialmente si conoscevano tre sole particelle elementari (o supposte tali: elettrone, protone e neutrone), oggi se ne conoscono almeno cento; se si conoscevano due sole forze fondamentali (elettromagnetismo e gravità), oggi se ne conoscono almeno quattro

---

[66] https://www.treccani.it/enciclopedia/tavola-smaragdina_%28Enciclopedia-Italiana%29/

(oltre alle precedenti, l'interazione debole e l'interazione forte, e in più le ancora sconosciute interazioni della materia oscura).

Se non bastasse, i due pilastri della fisica moderna (la relatività generale di Einstein e la meccanica quantistica di Planck e Heisenberg), che pure hanno consentito uno straordinario progresso scientifico, sono parziali e non sono compatibili tra loro. La prima funziona benissimo per comprendere il comportamento degli oggetti di grandi dimensioni dell'universo, come i pianeti, le stelle e le galassie; la seconda per comprendere il mondo atomico e subatomico, dai quark agli atomi, dai fermioni ai bosoni. Anche se si è visto che alcune proprietà quantistiche si estendono (paradossalmente!) a tutta la materia.

Ma non tutti i fenomeni ben si adattano alla logica dell'una o dell'altra teoria: per esempio i buchi neri e il nucleo primordiale che avrebbe dato luogo al Big Bang, entrambi caratterizzati da una massa enorme e da un volume infinitesimale. Queste teoriche entità della fisica, a quale sistema dovrebbero appartenere e in quale logica possono essere studiati?

Sebbene vi sia il desiderio e il bisogno di una teoria unificata (o teoria del tutto o, secondo la definizione di Einstein, teoria del campo unitario[67]), nessun dato sperimentale sembra poter essere di aiuto. È pur vero che, in certe condizioni, elettromagnetismo e interazione debole si fondono in un'unica interazione elettrodebole: ma tutto il resto?

A tentare di risolvere questo secolare impasse è sorta una nuova ipotesi, detta teoria delle stringhe[68] (con le sue principali varianti: bosonica e supersimmetrica, o delle superstringhe), in grado di mettere d'accordo la meccanica quantistica e la relatività generale. Essa spiegherebbe il comportamento della materia, delle forze che tengono insieme gli oggetti materiali,

---

[67] A. Einstein: *Come io vedo il mondo*. Roma, Newton Compton, 1993, cap. X.

[68] J. Polchinski: *String Theory*, Cambridge, Cambridge University Press, 1998.

nonché dello spazio e del tempo. Secondo questa teoria, tutto ciò che esiste nell'Universo (la materia, la radiazione e, sotto certi aspetti, lo spazio e il tempo) sarebbe la manifestazione di entità fisiche fondamentali che, a seconda del numero di dimensioni, sono chiamate stringhe o p-brane.

Il termine usato per indicare tali ipotetici elementi, da cui la materia e l'intera realtà fisica sarebbe costituita, è interessante. La stringa è una sorta di corda vibrante; in inglese si dice *strings* anche per indicare l'insieme degli strumenti ad arco, come violini, violoncelli eccetera. Il nome stesso di questo più moderno "atomo" (nel senso etimologico di ciò che non può essere ulteriormente diviso) evoca l'idea del suono, di un'energia vibrazionale capace di costruire l'intera realtà fisica: una sorta di OM, se vogliamo.

Secondo questa teoria, le stringhe possono vibrare in modi diversi e ogni stato di vibrazione rappresenta un tipo diverso di particella. La massa della particella e le sue interazioni sono determinate dai modi in cui la stringa vibra: in certo senso dalla nota che essa produce. La scala delle note, ad ognuna delle quali corrisponde una particella, è denominata spettro energetico della teoria[69].

L'ambizione è che questa possa essere una teoria del tutto in grado di unificare tutte le forze fondamentali, capace di fornire un modello per la gravità quantistica come per le interazioni all'interno dell'atomo, oltre che per la materia, la radiazione, lo spazio ed il tempo.

Il guaio è che, almeno al momento, la teoria è considerata non verificabile. Essa appartiene al mondo delle ipotesi affascinanti: comprende tutte le forze della natura in un sistema unico e concilia l'infinitamente grande con l'infinitamente piccolo, ma non è stata verificata e non sappiamo se mai lo sarà, data la scala enormemente piccola di questi elementi (10^{-35}) e, di conseguenza, l'enormità dell'energia che sarebbe necessaria

[69] https://it.wikipedia.org/wiki/Teoria_delle_stringhe#

a studiarli a livello sperimentale. Inoltre, alla teoria è collegata l'ipotesi di un Universo ciclico, senza un inizio nel tempo e senza una fine, in un alternarsi ininterrotto di contrazioni e di espansioni[70]. Ipotesi che non può non ricordarci il tradizionale pensiero induista dei cicli cosmici (kalpa e manvantara), così diversi dalla concezione occidentale di un tempo lineare.

D'altronde, nessuno ha ancora risposto alla semplicissima domanda: cosa c'era prima del Big Bang e che cosa mai può aver scatenato quell'immane esplosione?

Infine, si sta facendo strada un'ipotesi piuttosto sconcertante: che il modello teorico che meglio si adatta alle nuove prospettive sui costituenti ultimi della materia (cioè le stringhe) sia quello di una simulazione, cioè di una realtà virtuale basata su un codice binario come lo 0-1 dei nostri calcolatori elettronici[71].

L'ipotesi, secondo alcuni studiosi, è l'unica possibile sulla base delle conoscenze attuali: il mondo, la natura, la vita, altro non sarebbero che un'immensa simulazione, un immenso programma informatico di portata cosmica.

Ma queste, si diceva, sono ipotesi, per quanto affascinanti e sostenute da un robusto costrutto teorico-matematico.

---

[70] P. Steinhardt e N. Turok: *Universo senza fine. Oltre il Big bang*, Milano, Il Saggiatore, 2008.

[71] Il tema è stato affrontato in diversi contesti (per esempio, Scientific American, 7 aprile 2016 (https://www.scientificamerican.com/article/are-we-living-in-a-computer-simulation/); Philosophical Quarterly, vol. 53, n. 211, 2003, pp. 243-255). Il documentario *The Simulation Hypothesis* (https://www.youtube.com/watch?v=i2FNh6vIn8Y&t=21s) lo affronta, a mio avviso, nel modo più efficace ed interessante, almeno per noi profani.

XI

L'ingannevole apparenza: da concetto filosofico a realtà scientifica

Le certezze apparenti della vita quotidiana, il normale senso comune, le fondamenta del nostro abituale modo di vivere ed osservare il mondo sono state messe in dubbio – per la prima volta – dalle acquisizioni scientifiche. È pur vero che, già da qualche millennio, eravamo stati messi sull'avviso da Platone, ma allora il discorso era puramente filosofico, una teoria astratta più o meno credibile, ma ininfluente sulla realtà oggettiva.

Siamo come prigionieri in una caverna, vediamo solo ombre che scambiamo per realtà e saremmo disposti ad uccidere chi, venendo dal mondo esterno, ci dicesse che siamo degli illusi: questo sosteneva il grande ateniese[72]. Ma, si sa, i filosofi dicono tante sciocchezze... anzi, la filosofia è "quella cosa, con la quale e senza la quale il mondo resta tale e quale", secondo un vecchio aforisma. Ma la scienza? Possiamo avere la stessa indifferenza di fronte ad essa? Non dovremmo, invece, cambiare atteggiamento, assimilare questo radicale sovvertimento della visione del mondo? E che cosa può voler dire un tale cambiamento? O possiamo, forse, dire che anche la scienza è quella cosa con la quale e senza la quale il mondo rimane tale e quale? Ma il mondo non è rimasto per niente uguale: oggi abbiamo la bomba atomica e le centrali nucleari, internet e i computer, i missili e le sonde spaziali, la robotica e gli smartphone. L'umanità non vive come nei secoli passati.

Dopo questa escursione nel mondo della fisica – un po' noiosa ma non priva di interesse per come incide sulla nostra abituale visione del mondo – non si può rinunciare a riflettere sul senso delle nuove acquisizioni scientifiche. Anzi, è forse indi-

---

[72] Platone: *La Repubblica*, libro VII, Milano, UTET, 2007.

spensabile cercare di ricondurre i risultati della scienza moderna ad un ambito di riflessione comune e non più specialistica: tali risultati, infatti, non riguardano più soltanto gli addetti ai lavori, ma l'intera umanità. Come potremmo restare indifferenti al fatto che la scienza mette in dubbio le fondamenta del senso comune e della nostra diretta percezione della realtà? E come potremmo non interrogarci su una prospettiva che, pur nascendo nel mondo lontano della meccanica quantistica, sembra essere più vera ed attendibile della nostra stessa esperienza sensoriale?

Non si può nemmeno negare che stiamo parlando anche della natura umana e del mondo in cui viviamo. Alla fin fine, i paradossi della fisica hanno a che fare anche con il "conosci te stesso" delle antiche vie sapienziali: come posso conoscermi, se più non conosco la materia in cui sono plasmato e se scopro che la mente mi dà una visione irrealistica della realtà? E qual è il senso dell'umanità in un mondo fatto essenzialmente di idee?

Sembra ormai assodato che ciò che percepiamo come solida materia (un fatto fisico e oggettivo, non un costrutto mentale) altro non è che mera *apparenza*: cioè, per definizione, proprio un costrutto mentale. La nostra esperienza a riguardo è, per così dire, il risultato dell'incontro tra l'insieme di fenomeni quantistici che costituiscono la realtà – come si è visto, un insieme di paradossi e probabilità, accessibili all'intelletto in forma matematica – e la nostra struttura mentale e sensoriale, che li percepisce ed apprende in modo suo proprio, consegnandoci il mondo ingannevole dell'apparenza.

Un pezzo di roccia, per esempio, mi sembra compatto e solido, ma in realtà gli atomi che lo compongono consistono prevalentemente di uno spazio vuoto, immenso rispetto ai corpuscoli che vi si muovono (nucleo ed elettroni, in una prima approssimazione). Ciò che mi dà l'impressione di solidità e compattezza è l'insieme di forze che si dispiegano in quello spazio quasi vuoto e che i miei sensi percepiscono a modo loro (o, se vogliamo, a modo nostro). Ma anche i corpuscoli che in quello spazio si muovono, ad un'analisi più approfondita si rivelano essere entità ambigue: onde, oltre che corpi, cioè perturbazioni di un campo energetico, se non addirittura onde di probabilità. Sfuggono a misurazioni complete e precise, rivelando una loro ambigua materialità o, se vogliamo, intrinseca immaterialità. Addirittura sfuggono ai vincoli dello spazio e del tempo, per interagire misteriosamente tra di loro. È possibile individuarli, in modo accurato e completo, soltanto come funzioni matematiche: "non sono oggetti nel senso comune della parola; sono forme, strutture, o – in senso platonico – idee, di cui possiamo parlare senza ambiguità soltanto nel linguaggio matematico", secondo la già citata definizione di Heisenberg. Soltanto in questi termini svelano la loro natura: in un linguaggio matematico possiamo comprenderli, descriverli e perfino utilizzarli.

Ma allora perché una sassata in testa dovrebbe farmi male, se il sasso è fatto di idee, più che materia?

Quando Democrito coniò il termine atomo (ciò che non si può più dividere), pensandolo come base indistruttibile ed eterna della materia, certo non poteva immaginare che l'avremmo ulteriormente diviso fino a scoprirne l'immaterialità. O, per meglio dire, fino a scoprire che il termine materia ha un senso più complesso, che potremmo così definire: ciò che solo *apparentemente* risponde ai principi di località e causalità e che acquista massa ed inerzia nella misura in cui un enorme numero di probabilità collassano qui ed ora in forma materiale. Se è vero che la materia si manifesta come corpo in rapporto allo strumento di rilevazione, evidentemente i nostri sensi sono capaci di rilevarla soltanto come corpo, ma non come onda né, tantomeno, come idea.

Ecco che allora una sassata in testa mi fa male e non mi attraversa come farebbe il vento tra le fronde, senza danno alcuno.

Il velo di Maya[73], che fa apparire in questa forma la realtà che ci circonda, sarebbe in sostanza costituito dai limiti della nostra capacità percettiva, incapace di cogliere aspetti più sottili della materia, che il pensiero è invece capace di svelare.

D'altronde, noi vediamo soltanto una ristretta banda di frequenza delle onde elettromagnetiche e la chiamiamo luce; chiamiamo buio tutte le frequenze che sono al di fuori di quella gamma, ma tuttavia esistono ed agiscono al di fuori dei nostri sensi. Eppure entrambe le cose (le onde elettromagnetiche visibili e quelle invisibili) hanno la stessa natura: esse non sono opposte, come l'esperienza della luce e della tenebra, ma manifestazioni contigue di una stessa realtà, di uno stesso campo di energia. Similmente, chiamiamo silenzio le vibrazioni al di fuori della ristretta banda di frequenze che percepiamo come suono. Non siamo in grado di percepire o esperire direttamente il senso relativistico dello spazio e del tempo o i misteriosi legami dell'*entanglement* tra i corpi materiali.

Questi sono i limiti che meglio conosciamo, ma siamo sicuri che non ve ne siano altri?

Dobbiamo abituarci al fatto che la realtà materiale comunemente esperita, con la sua apparente (e dolorosa nel caso della sassata: anche le idee hanno il loro peso!) concretezza, non è affatto più vera della realtà non materiale (una forza secondo Plank, un'idea secondo Heisenberg) che la genera. Anzi, la prima è solo apparenza, o fenomeno; la seconda è concettualmente molto più solida, verificata e scientificamente provata. Dobbiamo altresì abituarci all'idea che l'uomo è prigioniero dell'illusione, anche se può diventare consapevole dell'altra faccia della realtà, invisibile e nascosta, ma non per questo meno reale.

---

[73] Il termine sanscrito māyā ricorre in diverse dottrine dell'antica India, con il significato originario di "creazione" delle apparenze fenomeniche e conseguentemente di "illusione". In Occidente Velo di Maya è stato usato da Schopenhauer ne *Il mondo come volontà e rappresentazione* per indicare l'illusorietà del fenomeno.

Platone ha rappresentato tale condizione nel mito della caverna, dove l'uomo è convinto che la realtà sia costituita dalle ombre, la sola cosa che dalla sua caverna può vedere. Ma l'uomo, con l'aiuto del pensiero e della riflessione filosofica, può giungere a una sorta di risveglio ed intuire che le ombre sono generate da una diversa realtà. Credo che mai il filosofo ateniese avrebbe immaginato che il genere umano potesse raggiungere una simile conclusione per mezzo della scienza, cioè di una disciplina oggi del tutto autonoma dalla filosofia, dotata di un suo proprio metodo, fatto di sperimentazione e di matematica ("sensate esperienze" e "dimostrazioni necessarie", secondo le parole di Galileo Galilei). Ma in fondo, non dimentichiamolo, il metodo scientifico ha le sue radici nel pensiero filosofico.

Comunque è questa una delle rivoluzioni più importanti attuate dalla scienza moderna: renderci consapevoli che la nostra percezione del mondo, il nostro senso della realtà è parziale e, quindi, ingannevole rispetto alla più autentica *natura delle cose*. Le antiche diatribe filosofiche sull'argomento non hanno più ragion d'essere, vinte dall'evidenza scientifica, anzi, dalla "dimostrazione empirica" di ciò che precedentemente era "accessibile alla sola metafisica", secondo le già citate espressioni, tratte dal lavoro sul Big Bell Test.

Ma la *natura delle cose*, che non cade direttamente sotto i nostri sensi e non è presente alla nostra consapevolezza abituale, è accessibile agli strumenti dell'intelletto e diviene comprensibile nella sua forma matematica e concettuale. Noi siamo pur sempre prigionieri della caverna, cioè dei limiti delle nostre facoltà percettive, ma possiamo renderci conto anche di ciò che produce le ombre: nebulosamente se cerchiamo di intuirlo, nitidamente se lo esprimiamo in forma matematica.

XII

Un altro dualismo e una nuova complementarità: illusione e conoscenza

Ovviamente, nella vita quotidiana la percezione delle ombre è soverchiante: ciò è inevitabile per come funziona la nostra mente. Ma, come si diceva, noi siamo anche in grado di superare quei limiti, che tanto ci condizionano, con l'intelletto, cioè con una nostra funzione superiore, che è in grado di portarci oltre, utilizzando sia la scienza e il linguaggio matematico, sia la riflessione filosofica.

Ma la nostra mente ha anche un altro limite: come non conosce che aspetti parziali della materia e dello spettro elettromagnetico e sonoro, così non conosce che una piccola parte di sé stessa. Più di un secolo di studio, in diverse scuole e con diversi metodi, lo ha dimostrato incontrovertibilmente[74].

In un certo senso, la nostra consapevolezza ordinaria (il nostro io cosciente) può essere paragonata allo spot di luce che inquadra un attore sul palcoscenico. Solo un ristretto pezzo della scena è visibile: tutto attorno è buio, tutto il resto scompare.

Quello del palcoscenico non è un paragone peregrino. Lo stesso termine *persona*, che spesso usiamo come sinonimo di essere umano, ha a che vedere con il teatro. Deriva, infatti, dalla maschera che gli attori del teatro romano indossavano per caratterizzare il loro personaggio: dal latino *per-sonare* (parlare attraverso) o dall'etrusco *phersu* (personaggio mascherato). Secondo il senso etimologico del termine, la mia persona altro non è che la mia maschera, cioè il mio ruolo nella scena della

---

[74] Il concetto di inconscio, studiato dalla moderna psicanalisi, sembrerebbe del tutto nuovo: in realtà è presente anche nelle civiltà più antiche, come sostiene C. G. Jung in *L'albero filosofico*, Torino, Bollati Boringhieri, 2012.

vita[75]: il personaggio che incarno – provvisoriamente – vivendo. Forse per questo il teatro, simbolo del mondo e della vita che vi si svolge con i suoi drammi e la sua commedia, ha sempre affascinato l'umanità e l'attore ha assunto così spesso la statura del divo.

Attorno a quel cerchio di luce più intensa, si diceva, c'è un buio che gli occhi dell'attore non riescono a penetrare. Ma, in realtà, al di fuori del cerchio c'è il mondo intero. Similmente, la mente umana è cosciente soltanto di una piccola porzione illuminata del suo mondo: o almeno di solito è così. Tutto il resto, che chiamiamo inconscio, è invisibile ma altrettanto reale del conscio e si manifesta irrompendo nel più piccolo cerchio di luce della coscienza sotto forma di sogno, lapsus, nevrosi, ossessione, allucinazione; ma anche come intuizione, idea improvvisa, ispirazione, creatività. "Mi è venuto in mente", siamo soliti dire: ma venuto da dove?

L'inconscio non è solo subconscio, caratterizzato da elementi inferiori, dimenticati e rimossi. È, piuttosto, un insieme profondo e vasto, che circonda la nostra mente conscia da ogni parte, come il buio attorno allo spot del riflettore d'un teatro. Noi non siamo consapevoli del nostro inconscio, come non abbiamo alcuna consapevolezza dello spettro invisibile delle onde elettromagnetiche né delle frequenze inaudibili delle onde sonore; ma molte altre cose ancora sono al di fuori del cerchio illuminato dalla nostra consapevolezza. Similmente, l'io e il mondo ci appaiono certi e reali, ma sono soltanto una piccola parte della realtà, filtrata dal velo di Maya, che oscura la natura quantistica della materia, il senso relativistico dello spazio e del tempo e i misteriosi legami dell'*entanglement* tra i corpi materiali, oltreché una gran parte della psiche.

Ma come la nostra consapevolezza ordinaria non percepisce

---

75 "All the world's a stage", così dice Melancholy Jaques nel monologo delle sette età dell'uomo in W. Shakespeare, *As You Like It*, atto II, scena VII.

l'inconscio né la natura delle cose, così non percepisce l'anima.

E, infatti, molti ritengono che questa non esista. Chi ci crede, lo fa per la sua adesione ad una qualche fede religiosa; molto più raramente perché ne ha avuto una qualche esperienza diretta o ne ha raggiunto la consapevolezza, un po' come lo studioso di fisica, che è diventato consapevole della relatività del tempo o dell'*entanglement* attraverso l'approfondimento scientifico.

Non stupisce, dunque, che chi non ha mai avuto esperienza al di fuori del ristretto spot di luce in cui vive (la consapevolezza ordinaria dell'io) non riesca ad accettare quella realtà che i suoi occhi non vedono e considera irreali le esperienze di chi, invece, è riuscito ad andare oltre.

Nel 1848, Johannes Rebmann[76] fu il primo europeo ad osservare che il monte Kilimangiaro, nell'Africa equatoriale, era stabilmente ammantato di neve. Ma in Europa nessuno gli credette, soprattutto tra i geografi e nell'ambiente accademico; anzi, lo derisero e lo umiliarono. Tutti sapevano perfettamente che all'equatore fa caldo e non può esserci la neve. Ci vollero diversi anni ed ulteriori esplorazioni perché una verità così banale ed empiricamente evidente venisse ufficialmente accettata. Il pregiudizio è forte e, in fondo, gli increduli si sentono sicuri di sé, dalla parte del buon senso e della buona fede. E poi, all'epoca, non esistevano fotocamere portatili.

Le novità provocano spesso un effetto Rebmann: l'istintivo rifiuto di ciò che esula dall'abituale esperienza.

Ma le terre sconosciute non esistono soltanto materialmente, nel nostro o in altri pianeti. Per certi versi, anche l'uomo è una *terra incognita*. Chi siamo, qual è la nostra origine, perché siamo quel che siamo: queste ed altre domande hanno avuto così tante risposte diverse che non possiamo non ammettere la nostra ignoranza. È abissale il divario tra chi sostiene che siamo quel che mangiamo, frutti mal cresciuti di un'evoluzione basata

---

[76] https://www.britannica.com/biography/Johannes-Rebmann

sul caso e sulla selezione naturale (che, poi, è come dire sulla crudeltà e sulla sopraffazione), e chi sostiene che abbiamo un'anima immortale e che la nostra evoluzione è frutto di un disegno divino. In fondo tutto ciò assomiglia al vecchio dibattito sulle nevi del Kilimangiaro: chi le ha viste giura che esistono, gli altri sostengono che è impossibile. Solo che la discussione sulla natura umana dura da millenni e non è destinata a finire presto, per quanto ne sappiamo.

D'altronde, la ragione non può farci conoscere la nostra anima; può soltanto ipotizzarla o negarla. È necessario, in ultima analisi, aver avuto un contatto, anche se fuggevole, con la propria realtà spirituale: aver visto, almeno da lontano, le metaforiche nevi equatoriali. Ma questo non ha nulla di scientifico: è un'esperienza che molti hanno fatto e testimoniato, ma non da tutti sono considerati degni di fede. Purtroppo non esistono fotocamere neanche in questo tipo d'esperienza.

Credere o no all'esistenza di un'anima immortale non è privo di conseguenze sulle ipotesi relative all'origine del mondo. Chi ci crede tende a credere anche all'esistenza di Dio e, quindi, non rifiuta per principio le ipotesi creazioniste. Chi non ci crede, invece, tende a scartarle a priori.

Ma l'anima può essere conosciuta, non tanto per fede (questo riguarda le religioni, non il nostro discorso) quanto per esperienza interiore: è un fatto assolutamente possibile e sperimentato. In conclusione, crediamo di percepire la realtà per intero e per quello che è, mentre ne percepiamo una parte soltanto e per come ci appare. Ma siamo anche consapevoli di una parte soltanto di noi stessi e tendiamo a negare ciò che non è presente alla nostra usuale consapevolezza: ci conosciamo come maschera (la persona), ma non come attore. Il "penso dunque sono" di Cartesio si trasforma involontariamente in un "sono quel che penso" parziale e soggettivo: cioè sono (o credo di essere) quel che la mia mente, sulla base delle mie percezioni e della mia capacità di introspezione, mi mostra.

Ecco perché conoscere sé stessi non è un fatto ovvio e banale, ma piuttosto una difficile conquista, ricordata dal detto - *Conosci te stesso* - scolpito sul frontone del tempio di Apollo a Delfi, obiettivo delle vie misteriche di quella lontana antichità, ma anche della riflessione filosofica, iconicamente rappresentata da Diogene di Sinope con la sua lanterna ("cerco l'uomo!").

Ma torniamo all'argomento principale del nostro discorso, rimandando a un momento successivo quello riguardante l'esistenza dell'anima e la natura umana.

Sebbene le ombre sembrino così vere, al di là di queste c'è la conoscenza faticosamente ottenuta in secoli di ricerca scientifica e in millenni di riflessione filosofica, che tuttavia non riusciamo ad integrare nel vissuto quotidiano a causa della nostra natura e, in qualche misura, della nostra cultura.

Tale natura è perfettamente strutturata per vivere nel mondo dell'apparenza, che abitualmente prevale; ma lo è anche per conoscere e lavorare (sebbene con un po' più di fatica) su un altro livello, quello del pensiero e, in particolare, del pensiero matematico e scientifico – o astratto e filosofico – che ci consente di andare oltre le apparenze.

Anche per noi esseri umani vale una sorta di dualismo complementare: illusione e conoscenza, sensi e intelletto. Viviamo e usiamo davvero entrambe le cose ed entrambe sono necessarie a descriverci compiutamente.

Ecco il perché del paradosso di Einstein: il tempo per noi comuni esseri umani ha sempre lo stesso significato, ma "noi che crediamo nella fisica sappiamo che la distinzione fra passato, presente e futuro è solo un'illusione, anche se dura a morire". La nostra mente ci ancora ad un momento fuggente (il presente) per la sua incapacità di penetrare la dimensione temporale per intero, come il nostro corpo ci impedisce di essere contemporaneamente in più luoghi diversi e lontani, che pure non cessano di esistere quando noi non ci siamo, o come il nostro udito e la nostra vista percepiscono soltanto una limitata gamma di frequenze e interpretano come silenzio o oscurità tutte le altre, che pure esistono a dispetto della nostra cecità e sordità.

Dunque vi è l'apparenza da tutti vissuta della materia, del tempo e dello spazio; essa è dotata di grande forza, perché ad essa è indissolubilmente legata la nostra vita, fatta di sensi e di pensiero, con tutte le sue emozioni e il suo vissuto, le sue gioie e le sue sofferenze. La nostra mente la interpreta come realtà, per via – come si diceva – di quel velo di Maya che così bene dissimula la *natura delle cose.*

Vi è anche una diversa realtà, sfuggente ai nostri sensi e più difficile da comprendere per la nostra mente, ma accessibile all'intelletto per mezzo del metodo scientifico. Tale realtà, convalidata da numerosi esperimenti ed espressa in rigorosa forma matematica (in breve, scientificamente provata), è ben più certa e credibile di quella apparente e più oggettiva e solida di un'ipotesi filosofica.

Se la nostra mente per un verso ci tiene prigionieri nella caverna del mondo dell'apparenza, per l'altro ci consente di superare le apparenze: in modo rigoroso per mezzo del metodo scientifico e del linguaggio matematico; in modo più discutibile, ma pur sempre interessante, per mezzo del pensiero filosofico.

Anche per noi esseri umani esiste, come si diceva, uno speciale paradosso: il dualismo illusione e conoscenza.

E anche per noi sembra vigere un principio di complementarità: possiamo esperire alternativamente l'illusione o la conoscenza, ma non nello stesso momento; abbiamo l'una o l'altro in relazione allo strumento adoperato (sensi e buon senso per la prima, metodo scientifico e categorie matematiche per il secondo), ma entrambe le modalità sono indispensabili per fornire una *descrizione completa* dell'essere umano.

I principi di de Broglie (dualismo) e di Bohr (complementarità) sembrano valere non soltanto per i quanti, ma anche per la mente umana, capace di muoversi, in maniera duale e complementare, tra l'apparenza dei fenomeni e la realtà ontologica.

Per un verso tutto ciò dà ragione al mito della caverna, per un altro ci spiega come mai Platone potesse immaginare una diversa realtà; spiega, in sostanza, che noi siamo (o possiamo essere) consapevoli sia delle ingannevoli ombre, sia delle idee vere ed eterne.

XIII

Intuizione e metodo scientifico: il potere dell'intelletto

Ma un altro fatto di grande interesse emerge dalla recente storia dell'indagine scientifica: alcuni fondamentali principi sono stati intuiti e dimostrati matematicamente prima ancora di essere verificati sperimentalmente; sono stati, in altri termini, scoperti dall'intelletto prima che i fenomeni ad essi collegati fossero oggetto d'esperienza.

È questa un'altra piccola e grande rivoluzione rispetto al tradizionale assunto della più antica filosofia: *nihil est in intellectu quod prius non fuerit in sensu* (nulla è nell'intelletto che prima non sia stato nei sensi)[77]. In fondo questo principio era sopravvissuto nel corso dei secoli e si era ulteriormente rafforzato per effetto dell'empirismo dal XVII secolo in avanti. Soltanto Leibnitz, intuendone i limiti, aveva aggiunto *nisi ipse intellectus* (se non lo stesso intelletto)[78].

Ma è anche una rivoluzione rispetto al tradizionale metodo scientifico per come definito da Galileo, che considera interdipendenti le "sensate esperienze" e le "dimostrazioni necessarie".

Le fondamentali scoperte di Einstein furono fatte a tavolino, senza metter piede in un laboratorio scientifico né far uso di strumenti materiali. Egli dimostrò la duplice natura della luce semplicemente ragionando sui dati che tutti avevano a disposizione e applicando un metodo rigoroso. In questo caso, se vogliamo, le esperienze esistevano già, ma servivano la giusta intuizione ed il giusto metodo, che sono esclusivamente *in in-*

---

[77] L'assioma peripatetico di T. d'Aquino, *Quaestiones disputatae de veritate* (Sulla verità): II, 3, 19. (https://www.corpusthomisticum.org/qdv02.html).

[78] https://www.treccani.it/enciclopedia/nihil-est-in-intellectu-quod-prius-non-fuerit-in-sensu_%28Dizionario-di-filosofia%29/, che cita G. W. Von Leibniz, *Nouveaux Essais sur l'entendement humain*, 1705

tellectu. In ogni caso, la definitiva conferma – esperienziale e sperimentale – della sua teoria giunse diversi anni dopo (nel 1922) con la scoperta dell'effetto Compton[79], che fu decisiva per la descrizione quantistica della radiazione elettromagnetica.

Ma il ruolo dell'intelletto rispetto all'esperienza si chiarisce meglio considerando la nascita della teoria della relatività. Nulla era *in sensu* quando quella teoria fu elaborata: la nostra osservazione dei fenomeni non poteva fornire alcuna *sensata esperienza* su cui costruirla. In effetti, nessuno aveva mai in alcun modo sperimentato o osservato fenomeni di tipo relativistico, come ad esempio la trasformazione in massa dell'energia cinetica dei raggi cosmici o la modificazione del tempo in rapporto alla velocità e alla gravitazione. Lo ripeto: mai un fenomeno di tipo relativistico era stato oggetto di esperienza (*fuerit in sensu*). La prima esperienza di un fenomeno relativistico fu l'osservazione della deflessione della luce attorno al sole[80] in occasione di un'eclissi totale, avvenuta anni dopo la nascita di quella teoria. La conferma sperimentale della relatività del tempo rispetto a gravitazione e velocità fu ottenuta addirittura molti decenni dopo (nel 1972), utilizzando tre orologi atomici e due aerei di linea[81].

Similmente, la dimostrazione sperimentale definitiva della non località è avvenuta con il Big Bell Test, cinquantadue anni dopo l'enunciazione delle disuguaglianze di Bell. L'ipotesi di de Broglie (dualismo onda-particella) fu pubblicata nel 1925, tre

---

[79] cfr. cap. V

[80] F.W. Dyson, Eddington, A.S., Davidson C., *A determination of the deflection of light by the Sun's gravitational field, from observations made at the total eclipse of 29 May 1919*, in Philos. Trans. Royal Soc., Londra, 1920, 220A, pp. 291–333.

[81] J.C. Hafele e R.E. Keating, *Predicted Relativistic Time Gains*, in Science, 14 luglio 1972, vol. 177, n. 4044, pp. 166–168.
J.C. Hafele e R. E. Keating, *Around-the-World Atomic Clock: Observed Relativistic Time Gains*, in Science, vol. 177, n. 404414, luglio 1972, pp. 168-170.

anni prima che Davisson e Germer ottenessero il primo indizio sperimentale del comportamento ondulatorio degli elettroni[82] e più d'un trentennio prima dell'esperienza di Tübingen. Nel 1964, due studiosi (Murray Gell-Mann e George Zweig), in modo del tutto indipendente, ipotizzarono l'esistenza e le principali proprietà dei quark, diversi anni prima che la loro esistenza desse un fugace segno di sé in un acceleratore di particelle[83].

Anche il bosone di Higgs, che ha avuto grande popolarità con l'equivoco nome di particella di Dio, è stato teorizzato nel 1964[84] e rilevato sperimentalmente per la prima volta quasi cinquant'anni dopo[85] (nel 2012).

Ormai è frequente che si vadano a cercare le *sensate esperienze* negli acceleratori di particelle più avanzati *successivamente* alle ipotesi scientifiche che le hanno previste sul piano teorico-matematico.

È evidente che la mente umana, con l'uso del giusto metodo, sia in grado di elaborare teorie scientifiche corrette ben prima di compiere alcun esperimento o osservazione, cioè senza le "sensate esperienze" previste da Galileo. Anche se, in ogni caso, queste devono poi (magari molti anni dopo) giungere a confermare ciò che il pensiero aveva teorizzato: non se ne può fare a meno se si vuole che la scienza si applichi ai fatti e non rimanga una teoria astratta.

Infatti "la matematica gode della capacità di poter creare modelli virtuali della realtà che trovano precise corrispondenze con

---

[82] C.J. Davisson, L.H. Germer, *The Scattering of Electrons by a Single Crystal of Nickel*, in Nature, vol. 119, n. 2998, aprile 1927, pp. 558-560.

[83] B. Carithers e P. Grannis, *Discovery of the Top Quark,* in Beam Line, vol.25, n. 3, SLAC, 1995, pp. 4-16.

[84] P.W. Higgs, *Broken symmetries, massless particles and gauge fields*, in Physics Letters, vol. 12, n. 2, 1964, pp. 132–133.

[85] The ATLAS Collaboration, *Observation of a New Particle in the Search for the Standard Model Higgs Boson with the ATLAS Detector at the LHC*, https://arxiv.org/pdf/1207.7214v2.pdf

i fatti concreti. Inoltre è addirittura in grado di fare esperimenti virtuali su modelli virtuali che coincidono con quelli reali"[86].

Ma la capacità anticipatrice del pensiero, cioè la possibilità di conoscere realtà scientifiche complesse e inattese con la sola forza dell'intelletto, non è un'ipotesi filosofica. È, piuttosto, un dato di fatto storico, più volte confermato: intuizione e processo logico-matematico, due facoltà puramente mentali, possono anticipare le scoperte scientifiche ben prima che i fenomeni ad esse relativi siano stati in alcun modo constatati.

Tale processo non si attua automaticamente o meccanicamente: nasce sempre da un'intuizione, da una domanda o da un'idea e si sviluppa attraverso un rigoroso e coerente metodo.

Ma come si spiega la capacità anticipatrice dell'intelletto rispetto all'esperienza e perché si può riuscire a interpretare correttamente la natura delle cose con un processo esclusivamente intellettuale e astratto?

Deve esistere un punto di contatto o un terreno comune tra il nostro pensiero e la realtà ancora sconosciuta che si ricerca, qualcosa che spieghi come queste due entità separate (realtà fisica e mente umana) possano in qualche modo incontrarsi.

Certamente il legame più forte tra pensiero e realtà è rappresentato dal fatto che queste entità hanno entrambe, per così dire, una natura matematica: hanno lo stesso modo di funzionare, giacché il pensiero utilizza le categorie ed il metodo matematico che sono, a loro volta, riconoscibili nel movimento dei corpi celesti come nel comportamento delle particelle subatomiche. Entrambe quelle entità parlano, con ogni evidenza, lo stesso linguaggio simbolico.

Galileo ha espresso molto meglio di me il concetto che la matematica sia il linguaggio dell'universo:

> La filosofia è scritta in questo grandissimo libro
> che continuamente ci sta aperto innanzi a gli occhi

---

[86] cfr. pag. 48

> (io dico l'universo), ma non si può intendere se prima non s'impara a intender la lingua, e conoscer i caratteri, ne' quali è scritto. Egli è scritto in lingua matematica, e i caratteri son triangoli, cerchi, ed altre figure geometriche, senza i quali mezzi è impossibile a intenderne umanamente parola; senza questi è un aggirarsi vanamente per un oscuro laberinto[87].

O forse, parafrasando Heisenberg, il loro punto di contatto è l'idea: al contempo essere vero (Platone) e principio di intelligibilità (Aristotele). Le due definizioni, non antitetiche ma complementari, conducono inevitabilmente alla conclusione che la realtà vera sia fatta per essere compresa e che la mente umana sia in grado di comprenderla.

---

[87] G. Galilei: *Il saggiatore*, cap.VI, p. 232 in *Opere*, Edizione Nazionale, a cura di Antonio Favaro, Firenze, G. Barbera, 1890-1909.

XIV

La matematica: un linguaggio universale e simbolico

Nei quattromila anni che ci separano dai primi testi di matematica dell'antico Egitto, come il papiro di Rhind[88], c'è stato un indubbio progresso in questo campo, tuttavia gli assiomi di base non sono per niente cambiati. Erano e restano assunti non dimostrabili, ma riconoscibili come evidentemente veri.

Su di essi c'è – e c'è stata – universale concordanza. Su tutto il resto gli esseri umani sono in disaccordo, ma su questo no.

La matematica è l'unica costruzione mentale comune all'intera umanità, indipendentemente dall'area geografica e dagli orientamenti culturali, filosofici, religiosi o politici. Si è sviluppata in culture diverse e in diverse parti del mondo, sempre arrivando a risultati identici. Il suo linguaggio simbolico[89] e sintetico è universale, quasi fosse sopravvissuto alla confusione della biblica torre di Babele. Sembra, per certi versi, connaturata alla mente umana se non, addirittura, alla neurofisiologia umana, agli archetipi di una mente universale o ad innate categorie. Essa parla un linguaggio espresso in segni grafici più o meno familiari: segni che costituiscono l'unica scrittura che l'intera umanità abbia oggi in comune.

Oggi è questo l'unico campo in cui non esistono barriere linguistiche.

Io non so se si possa sviluppare una matematica diversa, con postulati e regole differenti, ma non c'è nessun interesse a tentare di farlo, poiché il linguaggio matematico che utilizziamo si è dimostrato in grado di esprimere perfettamente le leggi che

---

[88] A. B. Chace: *The Rhind Mathematical Papyrus*. Mathematical Association of America, Oberilin, U.SA. 1927

[89] D. Gauthier, M. Salvador: Modo simbolico, mondi possibili e matematica. Bollettino U.M.I. serie VIII, vol. IX, APRILE 2006, pp. 65-88

governano i fenomeni fisici. Con un'equazione possiamo conoscere la traiettoria del proiettile di un cannone ($y=ax^2+bx+c$, la parabola cartesiana), possiamo conoscere l'orbita dei pianeti ($x^2/a^2+y^2/b^2=1$, l'ellisse di Keplero), oppure disegnare la traiettoria di un oggetto che, lanciato dalla terra, colpisca la luna, Marte o il piccolo nucleo di una cometa dopo un viaggio di dodici anni nello spazio (la sonda Rosetta dell'ESA), possiamo individuare il rapporto tra energia e materia (il ben noto $E=mc^2$ della relatività ristretta) o la probabilità che un ago, cadendo su un foglio a righe, ne colpisca una, posto che sia di lunghezza pari all'intervallo tra le righe (tale probabilità è funzione di π, un numero irrazionale, detto anche trascendente[90], un aggettivo sorprendentemente condiviso da matematica e filosofia). Ma anche i più piccoli costituenti della materia "sono forme, strutture, o – in senso platonico – idee, di cui possiamo parlare senza ambiguità soltanto nel linguaggio matematico" (Heisenberg[25]). Vi è, in altre parole, una corrispondenza univoca e precisa tra gli astratti calcoli matematici e gli eventi del mondo fisico a tutti i livelli: da quelli più accessibili a quelli meno immediati come l'astronomia e la meccanica quantistica.

Abbiamo già ricordato che alcuni concetti – di Einstein, de Broglie, Higgs, Bell ed altri – furono sviluppati esclusivamente sul piano teorico in forma matematica e confermati sperimentalmente solo in un tempo successivo, più o meno lontano. Vi è una precisa ed univoca coincidenza tra i modelli virtuali e gli esperimenti virtuali creati dalla matematica e i fatti concreti che si manifestano nel mondo fisico. In virtù di tale coincidenza, come abbiamo visto, per mezzo della matematica si possono trovare (non semplicemente esprimere) le leggi della fisica, cioè della natura (φυσικά, fisikà) nella sua più ampia accezione,

---

[90] Definito come "numero reale o complesso che non è soluzione di alcuna equazione algebrica irriducibile a coefficienti interi" (http://www.treccani.it/enciclopedia/numero-trascendente_%28Enciclopedia-della-Matematica%29/)

anticipando l'osservazione e l'esperimento. Dunque non possiamo non ipotizzare che la natura e la mente umana abbiano il medesimo linguaggio.

È chiaro che il nostro pensiero procede per successive approssimazioni – ad esempio dal modello tolemaico a quello di Keplero, a quello newtoniano ed infine a quello relativistico dell'universo – adeguandosi sempre meglio alla realtà. Esso individua le funzioni matematiche che meglio esprimono la *natura delle cose* e, talvolta, precedono ciò che solo in un secondo tempo troverà conferma nella concretezza dell'osservazione o della sperimentazione scientifica.

Il nostro intelletto, che ha creato (o, per meglio dire, appreso) la matematica, dai conti della serva ai più sofisticati teoremi, è per così dire in perfettibile sintonia con l'universo. E l'universo si muove con le stesse regole matematiche, cui noi progressivamente ci accostiamo.

Un aspetto ancor più curioso della matematica è che alcune sue espressioni, elaborate per risolvere problemi speciosi o semplicemente fini a sé stesse – come la serie di Fibonacci o il rapporto estremo e medio di Euclide, più noto come rapporto aureo, o la funzione beta di Eulero – si rivelano utili a risolvere problemi concreti dopo secoli o millenni dalla loro invenzione (o, forse, scoperta). Per esempio, Euclide non sapeva che il disegno delle spirali galattiche fosse perfettamente costruibile con la sua proporzione estrema e media; proporzione che, essendo espressa da un numero irrazionale, non potrà mai essere definita, perché la serie infinita dei suoi decimali richiederebbe l'eternità per essere enumerata; ma può, al contrario, essere trovata con il solo uso di matita, squadra e compasso, cioè con strumenti antichi e semplici, un frutto dell'umano intelletto a metà strada tra manualità pratica ed astrazione matematica. Fibonacci non sapeva che la stessa cosa si potesse fare con la sua serie numerica[91], in cui il rapporto tra due numeri consecutivi

[91] Il matematico voleva rispondere alla seguente domanda: avendo una cop-

tende a raggiungere il valore del rapporto aureo; non avrebbe mai e poi mai potuto immaginare che la sua serie sarebbe stata usata per la *Fibonacci heap*, nei processori Pentium[92] Cartesio, dimostrando che quel tipo di spirale è equiangolare, non sapeva che il falco pellegrino disegna una perfetta spirale di tale tipo quando piomba sulla preda, perché così, mantenendo sempre lo stesso angolo tra la sua direzione e la preda, non la perde mai di vista. Eulero non poteva immaginare che la sua funzione beta sarebbe servita, più di due secoli dopo, come modello matematico per la teoria delle stringhe[93]. Ma si potrebbero fare anche altri esempi.

Sembra proprio che il mondo si esprima in termini matematici e che noi possiamo comprenderlo conoscendone il linguaggio. Per tali motivi alcuni ritengono che il mondo non potrebbe esistere se una mente matematica non lo avesse messo in opera e che la matematica non sia propriamente un'invenzione dell'uomo, ma la scoperta delle leggi che un Grande Matematico ha imposto al creato o il linguaggio nel quale egli ha pensato il mondo; o forse che la matematica rappresenti il punto di contatto tra la realtà sensibile e gli eterni archetipi di cui quest'ultima è l'ipostasi o, per dirla con Platone, l'ingannevole ombra.

È interessante, a questo proposito, la storia di Srinivasa Aiyangar Ramanujan, un bramino tamil vissuto tra il XIX e il XX secolo. Per il suo genio matematico fu chiamato – giova-

---

pia di conigli appena nati, che diventa fertile dopo un mese e che dia alla luce una nuova coppia di conigli all'inizio del secondo mese, se tutte le generazioni future si comportano in egual maniera dando vita a una nuova coppia ogni mese, quante coppie di conigli si ottengono in un anno? (B. Boncompagni Ludovisi, *Il Liber abbaci di Leonardo Pisano pubblicato secondo la lezione del Codice Magliabechiano C. 1, 2616,* Cap. XII. Roma, Tipografia delle scienze matematiche e fisiche, 1857)

[92] https://en.wikipedia.org/wiki/Fibonacci_heap

[93] L'intuizione fu del fisico Gabriele Veneziano nel 1968 (https://it.wikipedia.org/wiki/Ampiezza_di_Veneziano)

nissimo – a studiare al Trinity College di Cambridge e fu nominato membro della Royal Society, pur essendo soltanto un autodidatta, privo di titoli accademici, proveniente dalla lontana, misteriosa India. Le sue intuizioni matematiche erano folgoranti e geniali e, spesso, la loro dimostrazione veniva faticosamente ottenuta solo in un secondo tempo, ma apparivano giuste da subito in ragione della loro singolare bellezza matematica. I suoi teoremi sono applicati oggi in aree difficilmente immaginabili quando era in vita. Ebbene, egli asseriva che la dea Namagiri, cui era devota la sua famiglia, gli apparisse durante i riti e gli mostrasse la soluzione scritta di complessi problemi matematici. A dirla tutta, sembrerebbe che Ramanujan leggesse tali soluzioni sulla lingua che la Dea gli mostrava. Una modalità che può sembrare, a prima vista, poco rispettosa, ma che dimostra come la matematica sia soprattutto una lingua, universale e divina. A lui non restava che leggerli. "Un'equazione per me non ha senso, se non rappresenta un pensiero della Dea", soleva dire[94].

Prima di sorridere di queste sue affermazioni, forse è bene comprenderne il senso profondo: vi è una facoltà intuitiva che si attiva quando la nostra coscienza si collega alla più elevata sfera del sé, come Ramanujan faceva mediante la ritualità religiosa.

Fatto sta che, nonostante la sua limitata preparazione scolastica, Ramanujan era in grado di intuire funzioni e teoremi matematici innovativi, oltretutto senza dover passare per le laboriose dimostrazioni che, il più delle volte, venivano fatte a posteriori.

In conclusione, la matematica, antica arte del quadrivio ed oggi base irrinunciabile del progresso scientifico, ci porta a

---

[94] Dati biografici e citazione tratte da: R. Kanigel, *L'uomo che vide l'infinito. La vita breve di Srinivasa Ramanujan, genio della matematica*, Segrate, Rizzoli, Saggi Stranieri, 2003. Dalla stessa biografia è tratto il film *L'uomo che vide l'infinito* del 2015

pensare che l'uomo non sia soltanto ciò che mangia, ma appartenga anche ad una dimensione superiore; rivela che l'intera umanità, indipendentemente dall'epoca storica e dall'area geografica, condivide la stessa capacità intellettiva, basata su comuni categorie e su un medesimo linguaggio simbolico e suggerisce che sia capace di parlare lo stesso linguaggio del cosmo, anzi, che la nostra mente, nel suo aspetto di intelletto, funzioni come la natura stessa delle cose.

Quel linguaggio, universale e comune, è un linguaggio simbolico, come ha reso meglio evidente l'algebra[95], che mette in gioco entità puramente simboliche.

Ma i numeri stessi hanno una valenza simbolica, secondo Pitagora e Platone[96]. Il simbolismo dei numeri è fondamentale nella tradizione della qabbalah ebraica (gematria) e compare nell'esegesi biblica più antica, come nella patristica[97]. D'altronde, la Bibbia dice: "ma Tu hai tutto disposto con misura, calcolo e peso"[98], concetto ripreso da Aurelio Agostino: "*formas habent quia numeros habent; adime illis haec, nihil erunt*" (hanno forme perché hanno numeri; togli questi da quelle, non saranno più nulla)[99]. Nel mondo arabo-persiano, alchimia e numerologia si fondono nelle opere attribuite a Jabir ibn Ha-

---

[95] Atto di nascita di questa disciplina è considerato il trattato (IX secolo) di Abū Ja'far Muḥammad ibn Mūsā al-Khwārizmī, *al-Kitāb al-mukhtaṣar fī ḥisāb al-jabr wa al-muqābala* (cfr. Boyer, Carl B., *A History of Mathematics*, 1985): dal nome dell'autore deriva il termine algoritmo (al-Khwarizmi), mentre il termine algebra è contenuto nel titolo (al-jabr = connessione, completamento).

[96] C.A. Wilson, *Jabirian Numbers, Pythagorean Numbers and Plato's Timaeus*, in Ambix, 1988, 35:1, pp. 1-13

[97] H. Lange, *"Numeri"*, in Enciclopedia dell'Arte Medievale, Treccani, 1997 (https://www.treccani.it/enciclopedia/numeri_%28Enciclopedia-dell%27-Arte-Medievale%29/)

[98] Sap. 11,20. *La sacra Bibbia*, Conferenza Episcopale Italiana, 2 voll., Città del Vaticano, Libreria Editrice Vaticana, 2008

[99] A. Agostino, *De libero arbitrio*, II, 16, 42.

yyam[96] e penetrate nella cultura medievale europea. Nell'Yìjīng, quattro numeri rappresentano lo yin, lo yang e la loro reciproca trasformazione, per formare i sessantaquattro esagrammi che racchiudono la legge delle mutazioni[100]. Nel Rinascimento, il simbolismo dei numeri compare in nuove correnti di pensiero, che hanno tentato di conciliare pitagorismo e cristianesimo (tra tutti Pietro Bongo, con il suo *Numerorum mysteria* del 1591). Ma ancor oggi si riconosce il senso simbolico del linguaggio matematico[89].

Evidentemente, Cassirer[101] aveva ragione: l'uomo è *animal symbolicum*, più che *animal rationale*. Ma, a ben vedere, l'intera realtà è *res symbolica*, dal momento che parla il linguaggio simbolico della matematica.

[100] I King, *Astrolabio*, 1950 (con la prefazione di C.G. Jung).

[101] E. Cassirer, *Saggio sull'uomo. Introduzione a una filosofia della cultura*, Milano, Longanesi, 1948, capitolo II.

XV

Una nuova veste per l'idea platonica?

Dunque, la matematica è il linguaggio universale dell'umanità, espressione dell'intelletto nella sua forma più alta e simbolica. Essa è, nel contempo, la forma nella quale gli elementi costitutivi della materia esistono e diventano intelligibili. Secondo Heisenberg, infatti, la materia è fatta di "forme o idee, di cui possiamo parlare senza ambiguità soltanto nel linguaggio matematico": concetto analogo a quello espresso da Galileo, con riferimento ai caratteri "ne' quali è scritto" l'universo e mediante i quali noi possiamo leggerlo e che ci rimanda alla "misura, calcolo e peso" ed al "*formas habent quia numeros habent*" già citati.

Come si vede, lo stesso concetto è presente con parole diverse in tutta la storia del pensiero umano.

Sebbene si sia partiti dallo studio dei fenomeni fisici, si è giunti a conoscere la materia, il tempo e lo spazio come forme matematiche, ben diverse da come quei fenomeni ci appaiano. Con l'intelletto e lo strumento del metodo scientifico riusciamo a svelare tali forme, superando così l'ambito fenomenologico per accostarci alla *natura delle cose*.

La realtà che stiamo scoprendo, in quanto comprensibile soltanto con il pensiero – che solo è capace di coglierne la forma matematica anche, come si è visto, in assenza del dato esperienziale – è assimilabile al noumeno di Platone: "ciò che è pensato o pensabile dal puro intelletto, indipendentemente dall'esperienza sensibile"[102]. In quanto "contrapposta al fenomeno, oggetto di intuizione sensibile", essa è assimilabile alla cosa in sé kantiana[103]. Ma questa, secondo il filosofo di König-

[102] https://www.treccani.it/enciclopedia/noumeno/

[103] https://www.treccani.it/enciclopedia/cosa-in-se_%28Enciclopedia-Ita-

sberg, costituisce il limite invalicabile della conoscenza: sebbene pensabile, non è propriamente conoscibile. Non così per la scienza, che ormai comincia a conoscerla.

Ma è giusto, come fa Heisenberg, chiamare idea ciò di cui la materia è fatta? E, prima di tutto, che cosa vuol dire idea?

Il termine, derivato dal greco ἰδέα, "propriamente aspetto, forma, apparenza, dal tema di ἰδεῖν, vedere", in senso filosofico "fu usato per la prima volta proprio da Democrito per indicare l'atomo, in quanto forma e schema della materia; poi nella filosofia platonica per designare le uniche e vere realtà eterne, fuori del tempo e dello spazio, oggetto di scienza"[104]; per Aristotele idea indica non solo la pura forma, ma anche il principio d'intelligibilità (ciò che ci consente di conoscere tutte le cose)[105]. Idea rappresenta, nel contesto filosofico, un concetto per certi versi astratto; infatti, Platone colloca le idee nell'iperuranio, che è come dire fuori dal mondo, al di sopra del cielo, secondo l'etimologia del termine; analogamente, Kant considera il noumeno pensabile ma inconoscibile: anch'esso, in tal senso, inaccessibile all'uomo.

Qual è, allora, il significato di idea in rapporto alle più piccole unità di materia, in un contesto più moderno e scientifico, che sembra restituire alla parola il suo primitivo senso democriteo?

Prima di rispondere sarà utile ritornare brevemente ad alcuni dei concetti già espressi.

La fisica ci propone questo paradosso: che la materia macroscopica sia diversa dalla materia subatomica, pur essendo fatta di questa. È un po' come dire che un muro di mattoni è materia, ma non i mattoni che lo compongono: ciò che è apparentemente assurdo, ma assolutamente vero. La materia esiste, ma è costi-

---

liana%29/

104 https://www.treccani.it/vocabolario/idea/

105 https://www.treccani.it/enciclopedia/aristotele_%28Enciclopedia-Italiana%29/

tuita da *qualcosa* che non può esser definito materia: è questa la conclusione di Heisenberg e Planck e a questa conclusione ci porta il percorso scientifico di cui si è finora parlato. Potremmo dire, dal punto di vista filosofico, che la materia esiste come fenomeno o apparenza, ma non come noumeno o cosa in sé.

Quel *qualcosa*, oltre ad essere l'elemento costitutivo basilare (indivisibile, cioè atomo nel senso etimologico) della materia, ne rappresenta l'essere vero, suo fondamento ontologico, ben diverso dalla sua apparenza a livello fenomenico; inoltre costituisce il principio d'intelligibilità della materia, essendo compiutamente comprensibile nella sua forma matematica.

Dunque, le definizioni di idea secondo Democrito (l'atomo come elemento costitutivo della materia), secondo Platone (l'essere vero) e secondo Aristotele (il principio di intelligibilità) si adattano perfettamente alle caratteristiche delle più piccole unità di materia, cioè dei costituenti ultimi - subatomici - della realtà materiale, veri atomi *sensu strictiori* secondo la scienza moderna.

Anzi, l'antico concetto platonico di idea diviene più comprensibile ed accessibile nell'ambito scientifico: non più un'entità teorica ed astratta, ma qualcosa di più concreto, radice e archetipo di tutto ciò che si dispiega nel mondo sensibile. L'idea, nel suo senso più moderno e scientifico, è immanente all'oggetto, interna al fenomeno di cui è l'origine. Non si trova nell'iperuranio, ma dovunque; è il fondamento della realtà, sia in senso ontologico che scientifico, ed è a questa intrinseco e immanente.

Essa è invisibile perché nascosta, non perché lontana o astratta.

In tal senso, l'intuizione di Heisenberg che la fisica moderna abbia optato per Platone è forse da correggere. Forse ha piuttosto optato per Aristotele, il quale tende a riportare l'essere vero all'interno del mondo sensibile, come rappresentato in immagine da Raffaello: mentre Platone indica il cielo con il dito alzato, Aristotele ha la mano a mezz'altezza, col palmo rivolto alla terra[106]. Meglio ancora, la scienza ha operato una sintesi tra alto e basso, idea e materia, cielo e terra; allora i due filosofi sarebbero da vedere come un insieme e i loro due gesti come complementari piuttosto che opposti. Ecco, di nuovo, che la complementarità sembra essere la cifra che risolve le contraddizioni della realtà e del pensiero.

Fenomeno e noumeno – apparenza e cosa in sé – non sono più entità separate, perché vi è continuità tra l'uno e l'altro: si è, infatti, proceduto dall'uno all'altro nel percorso della scienza. Il fenomeno non può più essere considerato estraneo alla cosa in sé: ne è la manifestazione accessibile ai sensi, ma non per questo disgiunta dal suo essere vero. Una manifestazione, se vogliamo, infedele o ingannevole a causa dei limiti della mente umana, ma non in modo definitivo, se è vero che l'inganno è superabile grazie alle potenzialità dell'intelletto, capace di raggiungere la più vera natura di ciò che osserviamo con i suoi strumenti: matematica e metodo scientifico, se non pensiero filosofico.

D'altronde, come potremmo chiamare se non idea questa essenza ontologica, che si esprime attraverso i fenomeni del mondo fisico, ma non può essere direttamente percepita? Come definire altrimenti ciò che è raggiungibile solo mediante il pensiero e può essere espressa "non ambiguamente soltanto nel linguaggio matematico"?

Alla fine, Democrito, Platone, Aristotele, Planck, Bohr e Heisenberg si incontrano; filosofia e scienza convergono in una nuova definizione della realtà.

Questo più moderno concetto di idea apre nuove e interessanti prospettive.

La forma matematica che caratterizza l'idea rappresenta sia l'essenza della materia, sia le leggi che regolano i fenomeni fi-

[106] Raffaello, *La Scuola di Atene*, Stanza della Segnatura in Vaticano, 1509-1511.

sici. Queste, infatti, si esprimono anch'esse matematicamente e sono considerate valide dal punto di vista scientifico nella misura in cui abbiano una rigorosa forma matematica. In fondo, è questo il significato di scienza esatta[107]. Potremmo dire che la matematica esprime l'essenza, altrimenti ignota e inconoscibile, dei costituenti ultimi della materia, ma anche il loro dispiegarsi sul piano fenomenologico, sia secondo le leggi della fisica classica, sia secondo quelle della meccanica quantistica.

Per altro verso, quella forma rappresenta anche il modo con cui funziona il nostro intelletto, mediante il quale possiamo superare i limiti sensoriali e i pregiudizi culturali, per avvicinarci alla conoscenza della natura delle cose, in un percorso che parte dal fenomeno per poi superarlo e trovarne l'essenza intima e nascosta.

Se intelletto, leggi fisiche e cosa in sé hanno lo stesso linguaggio, quello matematico, che pone in relazione le diverse istanze – pensiero umano e natura delle cose, noumeno e fenomeno, uomo e cosmo – dobbiamo allora pensare che tutte queste cose appartengono alla stessa, unica realtà e che questa è fatta di idee, ciò che rinverdisce il concetto ermetico di meraviglia della cosa unica, arricchendolo di un nuovo e fertile significato.

---

[107] "Una scienza (come la fisica, la chimica e l'astronomia) le cui leggi sono capaci di espressione quantitativa accurata" (https://www.merriam-webster.com/dictionary/exact%20science, la traduzione è mia).

XVI

Primo motore immobile o primo intelletto pensante

Ricapitolando, la ricerca scientifica con i suoi esperimenti, le sue riflessioni e le sue elaborazioni matematiche ci ha portato per mano, nel corso di oltre un secolo, fino a farci intravedere la misteriosa sostanza che si cela dietro – o dentro – ai fenomeni. Ci ha fatto accostare, per la prima volta nella storia della vicenda e del pensiero umani, al noumeno.

L'idea, non più mera ipotesi filosofica, è ora alla portata dell'umanità per mezzo del metodo scientifico, fatto di "sensate esperienze" e, soprattutto, di elaborazione matematica. Anzi, rubando le parole al Big Bell Test, potremmo forse dire che tale "argomento precedentemente accessibile alla sola metafisica" è stato ormai "dimostrato empiricamente".

Ma il concetto di idea come fondamento fisico della materia porta ad una ineluttabile conseguenza. Avendo, infatti, l'idea forma matematica, diventa difficile immaginare che possa esistere senza essere pensata: come potrebbe esistere una forma matematica al di fuori di una mente intelligente? O, in altre parole, come è concepibile la materia senza una realtà che la trascende ed è in grado di pensarla?

Se l'atomo democriteo, puramente materiale, poteva essere ipotizzato come eterno e quindi increato, l'idea – per come emerge da questo nostro discorso – non può non essere concepita se non come frutto di un pensiero, questo sì eterno ed increato. Già Planck era giunto a questo tipo di conclusione ("dobbiamo presupporre dietro questa forza l'esistenza di una mente conscia ed intelligente") negli anni Quaranta. Come Aristotele ipotizzava l'esistenza di un primo motore immobile quale origine del moto delle sfere, così oggi dovremmo ipotizzare l'esistenza di un primo intelletto pensante all'origine dei costituenti ultimi della materia e quindi dell'intero universo.

È questa una conclusione del tutto plausibile, anzi assolutamente consequenziale alle più accreditate conquiste scientifiche, ma – non c'è bisogno di dirlo – anche la più discutibile, nella misura in cui l'uomo moderno rifugge – nonostante tutto - dall'attribuire un valore assoluto o cogente al suo pensiero ed è tendenzialmente scettico nei confronti della metafisica.

Ma ciò che non possiamo negare, pur volendo restar fedeli a tale scetticismo, è che il linguaggio matematico - l'espressione più tipica ed universale dell'intelletto umano - non sia esclusivo dell'umanità; tale linguaggio, infatti, appartiene anche alla materia, che con questo si manifesta e si rende comprensibile al ricercatore. Non è tanto vero che la materia non esiste, ma è verissimo che non esiste la cosiddetta materia bruta, dal momento che essa sa – con somma perizia - *far di conto.*

D'altronde, Platone non ha mai parlato di Dio né di creazione, ma ha ipotizzato la realtà vera come immateriale, in quanto posta al di sopra dello stesso cosmo, nell'iperuranio. È implicito nel suo pensiero che la realtà vera ed eterna (l'idea), da cui tutto il mondo sensibile proviene, sia trascendente.

Che ci piaccia o no, tutta la realtà, fatta com'è di idee che si esprimono in forma matematica, è intelligente. E questo ormai è un fatto, non un'ipotesi filosofica.

XVII

L'intelligenza degli esseri viventi

L'intelligenza della realtà non si esprime soltanto nelle idee secondo il *nuovo atomismo* – mi si consenta di chiamarlo così - di Heisenberg. Anche il mondo biologico dimostra una sua intrinseca e forse inconsapevole intelligenza. Gli esempi più ovvi (e innumerevoli) sono alcuni comportamenti istintivi (o geneticamente codificati) degli esseri viventi che, pur non essendo consapevolmente pensati (almeno per quanto ne sappiamo), sembrano seguire dei piani ben precisi e delle strategie articolate, quando non addirittura degli schemi matematici.

D'altronde, l'intelligenza non può essere vista, nell'abituale senso antropocentrico, soltanto come "le facoltà psichiche e mentali che consentono di pensare, comprendere o spiegare i fatti o le azioni, elaborare modelli astratti della realtà, intendere e farsi intendere dagli altri, giudicare e adattarsi all'ambiente". Intelligenza è anche "la capacità di adattamento a situazioni nuove e la possibilità di modificarle quando queste presentano degli ostacoli all'adattamento stesso"[108]: tale definizione abbraccia anche ciò che è governato dall'istinto, che altro non è che una forma meno consapevole di intelligenza, scritta nel codice genetico.

Ma a queste due bisognerebbe aggiungerne una terza: la capacità di creare figure geometriche perfette e, più in generale, di creare bellezza e armonia secondo precisi canoni geometrici. Questa non è compresa tra le definizioni correnti, ma dubito che un'entità biologica, che usa il rapporto medio ed estremo di Euclide così bene da saper costruire una spirale logaritmica o un pentagono regolare o una fillotassi in rapporto matematico

---

108 Entrambe le definizioni virgolettate sono tratte dall'Enciclopedia Treccani: https://www.treccani.it/enciclopedia/intelligenza

costante, possa essere considerata priva di una sua peculiare forma di intelletto. Ed è significativo che noi, animali razionali e simbolici, ne riconosciamo l'armonia e la bellezza.

Vorrei qui dare qualcuno soltanto degli innumerevoli esempi di intelligenza biologica, cominciando dai batteri, esseri estremamente primitivi, ancora privi di nucleo, oltre che, ovviamente, di sistema nervoso: veri e propri stupidissimi bruti.

La ben nota capacità dei batteri di sviluppare resistenza agli antibiotici, pur essendo – così almeno presumiamo – del tutto privi di una volontà cosciente, testimonia una intrinseca ed inconsapevole intelligenza, almeno nel senso di avere la "capacità di adattamento a situazioni nuove e la possibilità di modificarle": i batteri, infatti, reagiscono alla presenza di queste sostanze per loro dannose, inventando soluzioni chimiche e genetiche del tutto nuove; soluzioni efficaci non soltanto verso sostanze esistenti in natura (come la penicillina, prodotta da una comune muffa verde), ma anche verso sostanze artificiali (come gli antibatterici di sintesi, prodotti solo dai laboratori farmaceutici) assolutamente nuove non solo per le specie batteriche che le incontrano, ma anche per la natura nel suo insieme. Inoltre, quando anche un singolo batterio ha (o ha realizzato) un'utile mutazione che gli consenta di resistere all'antibiotico, questa viene trasmessa orizzontalmente, mettendo a disposizione dell'intera comunità il materiale genetico modificato[109]; in tal modo non soltanto i propri discendenti, ma tutta la comunità acquisisce la resistenza. A nostro danno, è vero, ma dal punto di vista dei batteri è un'operazione fantastica...

Ciò dimostra, oltretutto, che questi organismi hanno più intelligenza di molti esseri umani e mette in discussione il concetto di selezione naturale dell'individuo più adatto. La condivisione orizzontale della resistenza fa sì che l'intera po-

---

[109] R. Jain, M.C. Rivera, J.A. Lake, *Horizontal gene transfer among genomes: The complexity hypothesis* in PNAS, 30 marzo 1999, 96 (7), pp. 3801-3806.

polazione batterica di un ecosistema, comprendente specie diverse, possa sopravvivere.

La resistenza agli antibiotici, in poche parole, calza perfettamente con una definizione non antropocentrica di intelligenza – oltre a costituire un invidiabile esempio di altruismo e lungimiranza.

I ragni, anch'essi quanto mai primitivi, con un sistema nervoso fatto di semplici gangli, hanno la perizia chimica necessaria a sintetizzare fili sottilissimi, ma elastici e robusti, e il sapere geometrico necessario a costruire imbuti di forma iperbolica o elaborate spirali. Se, in proporzione al calibro, quei fili sono generalmente più resistenti del nylon, quelli del *Caerostris darwini* sono dieci volte più resistenti del kevlar[110]. È interessante il fatto che alcune droghe (le stesse che alterano la nostra mente, come la marijuana) alterino la loro capacità di seguire gli abituali schemi geometrici. Sebbene siano generalmente solitari e individualisti, a Tawakoni, in Texas, i ragni hanno realizzato una immensa ragnatela condominiale multietnica (ne fanno parte dieci specie diverse) di circa centottanta metri quadrati[111]. Per quanto si sappia, è un unicum, quasi fosse un esperimento sociale o politico di questi poco simpatici animaletti. Per inciso, è evidente che ragni e batteri non sono per niente razzisti: un'ulteriore prova di intelligenza.

I funghi sono altri esseri apparentemente ottusi, ma effettivamente dotati di intelligenza. Essendo incapaci di muoversi come gli animali, non possono andare in cerca di cibo; essendo incapaci di fotosintesi come le piante, però, ne avrebbero bisogno, perché non riescono a trarre dal sole il proprio fabbisogno energetico. Sembrerebbero, perciò, destinati a scomparire dal

---

[110] M. Kuntner, I. Agnarsson, *Web gigantism in Darwin's bark spider, a new species from Madagascar (Araneidae: Caerostris)*, in The Journal of Arachnology, 2010, 38:346–356.

[111] The Associated Press, *Mysterious 'Fairyland' Spider Web Found*, su Live Science, 30 agosto 2007

mondo come uno sfortunato errore evolutivo. Hanno invece sviluppato una vera e propria industria chimico-farmaceutica che li munisce di antibiotici (penicillina e cefalosporina sono i più noti, ma ve ne sono altri, ancora oggetto di studio[112]), di armi chimiche più o meno letali (amanitina, falloidina, muscarina, orellanina, aflatossine, per citare solo le più note) e di enzimi capaci di digerire anche il legno e la plastica[113]. Così sopravvivono e prosperano in questo mondo spietato. Magari inconsapevolmente, ma con un'incredibile intelligenza pratica, hanno creato sostanze che l'uomo moderno utilizza per scopi disparati, dalla medicina alla tutela dell'ambiente: la loro inconsapevole intelligenza è arrivata a concepire quelle sostanze milioni di anni prima dell'intelligenza umana, che oggi tenta di utilizzarle e di imitarle. Ma vale la pena ricordare che appartengono al regno dei funghi anche i lieviti che usiamo da millenni per fare il pane, il vino e la birra: la nostra capacità di creare alimenti e bevande così tipici della nostra specie non sarebbe possibile senza la sapienza chimica dei funghi.

Il fatto che molte strutture naturali siano costruite secondo precise forme geometriche dimostra la sofisticata capacità matematica di piante e animali: dalla fillotassi spiraliforme pentapartita delle piante, studiata da Leonardo e Keplero[114], agli umili disegni spiraliformi del broccolo romanesco, evocanti i frattali[115], dalla spirale logaritmica della conchiglia del nautilus

---

[112] *Antibiotici dai funghi.* Le Scienze, https://www.lescienze.it/news/2005/10/18/news/antibiotici_dai_funghi-584302/

[113] J.R. Russell, J. Huang, P. Anand et al., *Biodegradation of polyester polyurethane by endophytic fungi,* in Appl. Environ. Microbiol., vol. 77, n. 17, settembre 2011, pp. 6076–84.

[114] https://it.wikipedia.org/wiki/Fillotassi

[115] "Il broccolo romanesco ci urla in faccia 'io sono un frattale!'": http://maddmaths.simai.eu/divulgazione/la-matematica-umida-dellevoluzione-4/

al pentagono regolare della stella marina. Particolare, misterioso e bello è anche il bassorilievo che il pesce palla esegue sulla sabbia in forma di rosone o mandala per attrarre la sua femmina (da guardare su YouTube, ad es.: https://www.youtube.com/watch?v=88a-FO6UbVA). Le loro perfette costruzioni geometriche si basano su ben precisi principi matematici, rappresentati dal rapporto aureo e dalla serie di Fibonacci o, per i frattali, dagli algoritmi[116]. Sebbene tale capacità non derivi dallo studio, ma sia scritta nel DNA di quegli esseri, non di meno dimostra una forma piuttosto sofisticata d'intelligenza. È, come le particelle subatomiche, espressione di un'idea, immanente alla natura, che di nuovo si manifesta in forma matematica. La natura (anche nel senso biologico del termine) conosce ed usa questo linguaggio universale. Le figure geometriche naturali che ne risultano, perfette come uscissero dalle mani di Euclide (pentagoni, spirali logaritmiche, frattali), non potrebbero esistere senza una raffinata intelligenza. L'Essere, per come lo conosciamo, è sommo intelletto, sia che vogliamo intenderlo come Dio creatore, sia che lo concepiamo, più semplicemente, come il Tutto, l'Essere *tout court* o come *natura naturans*.

---

[116] M. Livio, *La sezione aurea*, Segrate, Rizzoli, 2003, pag. 319-325.

XVIII

L'improbabile realtà

Un altro aspetto in cui si manifesta l'intelligenza della natura è la tendenza dell'evoluzione delle specie a realizzare cose sempre più complesse ed improbabili. Se la singola mutazione di un gene può essere casuale, l'insieme di mutazioni necessarie all'evoluzione è un evento o, per meglio dire, un insieme di eventi altamente improbabile. A meno che non si voglia pensare che l'insieme di mutazioni genetiche coordinate che ha portato all'esistenza della balena e del toporagno, dei fiori e degli insetti impollinatori, dell'*homo sapiens* e dello scarafaggio (ma i possibili esempi sono infiniti) a partire da un medesimo progenitore comune, più o meno lontano, sia casuale. Nessuno potrebbe pensare che la nona sinfonia di Beethoven sia venuta su casualmente, senza il genio creativo del suo autore[117]. Ma gli esseri viventi (8,7 milioni di specie diverse[118]), divisi in innumerevoli specie di monere e protisti, animali (1,5 milioni di specie), vegetali (391.000 specie) e funghi (probabilmente più di tre milioni, di cui solo 700.000 specie conosciute), sono qualcosa di molto più complesso ed improbabile di quella sinfonia. Il caso – pur con l'aiuto della selezione naturale – non può produrre un capolavoro ancor più complesso di quel capolavoro musicale. Né potremmo aspettarci che, estraendo a sorte le lettere dell'alfabeto oppure le parole di un vocabolario, si possa scrivere la *Divina Commedia* o *Guerra e Pace* con l'aiuto di

---

[117] "Nessuno afferma che una scultura o una pittura si siano create senza lo scultore o il pittore; e quest'opera si sarebbe originata senza un creatore?" (Discorso di Ermete al figlio Tat in E. Trismegisto *Corpus Hermeticum*, Milano, BUR, 2010, pag. 133).

[118] Secondo lo studio decennale del Census Marine Life, riportato su https://www.corriere.it/ambiente/11_agosto_26/censimento-specie-viventi_

un qualche tipo di selezione. Similmente, l'evoluzione non può aver creato la complessa fantasmagoria di esseri viventi che popolano il nostro pianeta, adattandosi agli ambienti più disparati con le più disparate peculiarità funzionali e morfologiche, procedendo a casaccio.

La sinergia tra casuali mutazioni e selezione naturale, ipotizzata da Darwin, è indubbiamente suggestiva. È servita a riconoscere che la natura evolve, costruisce il molteplice e il complesso per una sua intrinseca capacità dinamica. D'altronde, il caso ha recuperato un suo ruolo nel dispiegarsi della realtà da quando abbiamo scoperto che le stesse particelle elementari subatomiche sono indeterminate.

Tuttavia queste stesse particelle non rappresentano una casualità cieca, dal momento che si manifestano in forma matematica. Se Dio gioca a dadi (checché ne dica Einstein), sa bene quale combinazione risulterà a ogni lancio. Ma, anche senza tirare in ballo Dio, l'indeterminazione di Heisenberg non vuol dire casualità assoluta, ma piuttosto imprevedibilità a priori. Come si diceva, le particelle sono espresse non ambiguamente in forma matematica e si muovono "all'interno delle frequenze determinate per mezzo delle connessioni". Esse fanno parte di un insieme ed ogni insieme ha le sue leggi e la sua armonia. Quest'idea scientifica di caso non equivale all'idea di caos. La forma matematica, alla fin fine, mai potrebbe prescindere da una sua armonia, perché esprime relazioni soggette alle medesime leggi.

Darwin ipotizzò che l'evoluzione avvenisse per mutazioni spontanee casuali, selezionate poi dalla competizione e dall'ambiente. Il che va bene per mutazioni singole, come forma albina e forma pigmentata di un animale: sarà l'ambiente a determinare quella prevalente. Ma l'ipotesi non spiega gli aspetti più complessi dell'evoluzione, in cui le mutazioni sono molteplici e coordinate, orientate verso un aumento vertiginoso della complessità degli esseri viventi, sia come individui che come regni, phyla e classi. Si può arrivare per caso dalle più primitive monere al canto dell'usignolo, al volo dell'aquila e all'intelletto umano?

A dire il vero, Darwin stesso ci ha offerto un caso esemplare di improbabilità degli eventi evolutivi. È l'ennesimo ironico paradosso in cui ci imbattiamo.

Fu lui, infatti, a studiare un'orchidea del Madagascar (l'*Angraecum sesquipedale*) caratterizzata da un nettario lungo undici pollici e mezzo, che rende il suo nettare irraggiungibile dagli insetti impollinatori. La pianta, proprio per la lunghezza sesquipedale del nettario, avrebbe dovuto estinguersi: nessun insetto conosciuto avrebbe avuto interesse a fecondarla, non essendo in grado di accedere a quella irraggiungibile riserva di dolcezza e nutrimento. La casuale mutazione comportante un nettario così lungo avrebbe dovuto essere eliminata dalla pressione selettiva, che avrebbe favorito il tipo a nettario corto, più gradita agli impollinatori. Tuttavia l'orchidea si riproduceva e prosperava, per lo sconcerto dei naturalisti dell'epoca. Darwin ipotizzò che "nel Madagascar devono esistere farfalle la cui proboscide può essere allungata sino a dieci o undici pollici"[119]; purtroppo, nessuno le aveva mai viste. *Ça va sens dire*, non fu preso sul serio, un po' come Rebmann. Nel 1903 (Darwin era già morto), l'impollinatore fu individuato in una farfalla (lo sfingide *Xanthopan morganii praedicta*) dotata di una proboscide di lunghezza adeguata[120]; fu chiamata, in omaggio a Darwin, "*praedicta*" poiché la sua esistenza era stata predetta dal grande naturalista.

Due eventi piuttosto improbabili (un fiore dal nettario inutilmente ed esageratamente lungo e una farfalla con la proboscide smisurata, molto più lunga del suo corpo) si erano

119 C. Darwin, *I vari espedienti mediante i quali le orchidee vengono impollinate dagli insetti*, Pisa, ETS, 2009, p. 115

120 L.W. Rothschild e K. Jordan, *A revision of the lepidopterous family Sphingidae*, Londra, Hazell, Watson & Viney, 1903, pp.30-32.

realizzati lungo due phyla evolutivi indipendenti di due regni diversi (animale e vegetale) per consentire la sopravvivenza di due specie che, peraltro, nessuno potrebbe considerare indispensabili.

Per caso?

Non basta questo esempio a dimostrare che l'evoluzione contraddice le leggi della probabilità?

Ma quanti casi devono realizzarsi prima che un ragno impari a produrre un filo più forte del kevlar e impari a tesserlo secondo un disegno geometrico?

Il fatto sta lì, oggettivo e inconfutabile, a dimostrare che l'evoluzione, teorizzata e documentata da Darwin, è ben vera, ma non segue il meccanismo ipotizzato da lui. Ha un progetto intelligente, non un percorso casuale. Non soltanto è in grado di risolvere problemi e superare difficoltà, ma sembra anche divertirsi a crearli, quasi a sfidare l'intelligenza degli studiosi. Sembra addirittura godere di un altro tratto essenziale dell'intelligenza: il senso dell'umorismo, il gusto per il gioco. Un bambino lo condivide ogni volta che vede una giraffa, un canguro o un elefante.

E che dire poi della teoria dell'endosimbiosi[121], secondo la quale non è la competizione, ma la collaborazione tra specie diverse e spesso molto lontane il vero motore evolutivo che consente alle specie animali e vegetali di esistere. I cloroplasti e i mitocondri, organuli intracellulari senza i quali non esisterebbero piante né animali, altro non sono che piccoli batteri che convivono all'interno delle cellule di tutti gli organismi, per una reciproca collaborazione evolutiva. "Noi esseri umani e tutte le creature fatte di cellule nucleate siamo probabilmente dei composti, fusioni di esseri un tempo distinti"[122]: così af-

---

[121] L. Margulis, *Symbiosis in Cell Evolution. Life and Its Environment on the Early Earth*, New York, Freeman, 1981

[122] L. Margulis, *Una revolución en la evolución: escritos seleccionados*, Valencia, Universitat de Valencia, 2002, p. 45.

ferma Lynn Margulis, la principale sostenitrice del concetto di evoluzione come collaborazione, alternativo a quello darwiniano di evoluzione su base competitiva. Inoltre, un'evoluzione simile, cioè di tipo simbiotico, ha portato alla convivenza tra organismo umano (ma, ovviamente, ciò vale per tutti gli animali) e microbiota (l'insieme dei microrganismi che vivono nell'intestino, nella bocca, sulla pelle eccetera) senza il quale non saremmo in grado di sopravvivere. Tale insieme è stato definito "superorganismo uomo-microbiota"[123].

In conclusione, il mondo biologico racchiude una miriade di fenomeni che, per la loro complessità e improbabilità, rinnegano il determinismo e il modello darwiniano di evoluzione, basato su mutazioni casuali e una selezione di tipo competitivo.

Inoltre, non soltanto l'evoluzione segue la via impervia dell'improbabilità: è improbabile la vita stessa sul nostro pianeta. Questa costituisce un evento non comune né a tutti i pianeti, né a tutti i sistemi stellari: soltanto rari pianeti rocciosi in pochi sistemi stellari sono capaci di ospitarla[124].

La teoria della rarità della Terra, nata dalla collaborazione tra un paleontologo (Donald Brownlee) e un astronomo (Peter Ward), riconosce che la nascita della vita sulla Terra abbia richiesto una combinazione estremamente improbabile di eventi e circostanze astrofisiche e geologiche. Un pianeta come il nostro, già di per sé non comune, può sostenere forme complesse di vita solo se molte variabili cadono in un ristretto intervallo di valori. Dunque, la ricca e complessa realtà della natura presuppone che vi sia una rete di correlazioni tra unità subatomiche, esseri viventi e cosmo. Anche il più piccolo dei batteri non potrebbe esistere senza la convergenza di una molteplicità di fattori verso condizioni improbabili se non uniche.

---

[123] E. Salvucci, *The human-microbiome superorganism and its modulation to restore health*, in Int J Food Sci Nutr., novembre 2019, 70(7):781-795.

[124] D. Brownlee, P.D. Ward, *Rare Earth: Why Complex Life Is Uncommon in the Universe*, Gottiga, Copernicus Publications, 2000.

Un'altra nuova interpretazione (o relativamente nuova, perché pubblicata nel 1979) è l'ipotesi di Gaia[125] di James Lovelock, secondo la quale il pianeta Terra è esso stesso un unico organismo vivente. Vi è, infatti, una forma di omeostasi planetaria del tutto analoga a quella dei singoli organismi viventi, capace di mantenere i parametri fisico-chimici entro i ristretti limiti che consentono la presenza della vita. Secondo l'ipotesi, i fenomeni evoluzionistici non riguardano solo gli organismi o i singoli ecosistemi, ma l'intero pianeta.

È bene sottolineare che l'ipotesi di Lovelock non nasce in un ambito per così dire *New Age*, ma da studi scientifici effettuati per conto della NASA, miranti a identificare in modo economico la possibile presenza di qualche forma di vita al di fuori della Terra: ha un percorso eminentemente pratico e tecnico-scientifico.

Per finire, vi è un altro tipo, ancor più radicale, di improbabilità. Come la vita sulla Terra è possibile soltanto in un ristretto ambito di condizioni climatiche, composizione dell'atmosfera, irraggiamento solare eccetera, così soltanto un range ristretto di valori di massa, carica elettrica ed altre grandezze osservabili rende possibile l'aggregazione delle particelle elementari in entità più complesse; con valori diversi, le particelle elementari non potrebbero aggregarsi in barioni e mesoni e poi in atomi e molecole. Non esisterebbero il carbonio, l'ossigeno, l'azoto, l'acqua; non ci sarebbero carboidrati, proteine ed enzimi; non sarebbe possibile la fotosintesi clorofilliana e quindi la vita nelle sue innumerevoli manifestazioni; voi ed io, per farla breve, non saremmo mai nati.

In sostanza, tutto ciò che conosciamo ha bisogno di condizioni – dalle caratteristiche delle particelle subatomiche, alle condizioni astronomiche, a quelle ambientali – che possono sembrare scontate, ma tali non sono. Perché si sviluppi la vita

---

[125] J.E. Lovelock, *Gaia: A New Look at Life on Earth*, Oxford, Oxford University Press, 1979.

è necessario che collimino precisi valori delle caratteristiche di ogni cosa: dalla massa delle particelle elementari alla composizione chimica delle rocce terrestri, dalle condizioni astrofisiche del sistema solare alle percentuali relative dei gas atmosferici, dalle basi puriniche e pirimidiniche degli acidi nucleici alla struttura dell'acetil coenzima A, tanto per fare pochi esempi tra gli innumerevoli aspetti della natura.

Se la nostra esistenza è dovuta al caso, si tratta proprio di uno strano caso.

XIX

Le ricadute filosofiche e culturali della scienza

Può sembrare discutibile voler dare un significato filosofico ai risultati dell'indagine scientifica o, comunque, di contaminare due discipline apparentemente così lontane. Queste sono nate assieme (duemilaseicento anni fa, forse ancor prima) per poi separarsi nel corso della storia. Ma come la scienza è subentrata alla filosofia nell'indagare la *natura delle cose*, così la riflessione filosofica può subentrare alla scienza per spiegare il senso della nuova visione del mondo che l'indagine scientifica porta con sé. Anch'esse sono complementari, un po' come materia ed onda.

D'altronde, è ben vero che Pitagora non si è occupato soltanto di filosofia, ma anche di aritmetica, geometria, musica e medicina, e fu – per sua disgrazia, poiché gli costò la vita – anche politologo. Platone studiò come naturalista l'Etna e come matematico i solidi regolari, associandoli agli elementi della materia e ai pianeti; come studioso di astronomia ci ha tramandato il concetto di anno platonico o precessionale. Cartesio, che con il suo "cogito ergo sum" è ritenuto uno dei fondatori della filosofia moderna, ha inventato la geometria analitica, ancor oggi croce e delizia degli studenti di tutto il mondo. Pascal fu filosofo, fisico e raffinato matematico; inventò, inoltre, la prima macchina calcolatrice della storia moderna, nota come pascalina. Il filosofo Leibnitz ha inventato il calcolo infinitesimale e gli integrali; anche lui ideò una macchina calcolatrice meccanica, sulla cui base è stata costruita una calcolatrice tascabile nel 1948 (la Curta); ma fu anche giurista e glottologo. Più recentemente, Bertrand Russell fu matematico prima che filosofo, per poi dedicarsi ad un'incisiva riflessione ed attività politica.

In fondo, la frammentazione del sapere in tante nicchie specialistiche indipendenti non è obbligatoria né auspicabile.

Nulla vieta che qualche scienziato possa fare – come è in effetti avvenuto – affermazioni e riflessioni con una evidente valenza filosofica, proprio per amore della conoscenza (φιλοσοφία).

D'altronde, chi mai dovrebbe farlo se non chi ha già dimostrato di saper indagare così approfonditamente la natura delle cose?

Ma è anche interessante riflettere sulle ricadute esistenziali del pensiero scientifico e del suo senso filosofico. E questo ci riguarda tutti.

Infatti, se la scienza ha le sue ricadute tecnologiche – come i computer, gli smartphone, le sonde spaziali e l'energia atomica, che hanno profondamente cambiato il nostro stile di vita – anche la filosofia ha le sue ricadute, che incidono sulla nostra cultura e sul nostro modo di vedere la vita.

Basti pensare all'influenza dell'idealismo platonico e neoplatonico sulla cultura e sull'arte rinascimentale, a quanto il materialismo dialettico abbia inciso sulla politica e sul destino di alcuni popoli, oppure a quanto la scienza stessa, nelle diverse epoche, sia stata di volta in volta influenzata dal pensiero aristotelico, dall'empirismo o dal positivismo. Ma la filosofia, da Rousseau a Locke, da Mazzini a Marx, non ha anche ispirato e fornito di un corredo ideologico il pensiero politico moderno, che tanto ha cambiato la nostra società? Dall'Illuminismo in poi tutta la società occidentale non ha fatto che trasformarsi, man mano che nuove idee filosofiche nutrivano nuovi orientamenti politici.

Perciò non è futile né ingiustificato chiedersi qual è l'impatto dei risultati della scienza moderna sulle principali istanze del pensiero filosofico, quali ricadute possano esserci sulla nostra concezione dell'esistenza e sulla nostra mentalità e, *last but not least*, sulla conoscenza che l'uomo ha di sé.

In fondo, il pensiero e la vita di noi tutti sono in qualche modo coinvolti. Ma quali sono le ricadute filosofiche e culturali delle conquiste della scienza moderna?

Prima di tutto, sembra proprio che questa abbia spazzato via il materialismo tradizionale e il vecchio determinismo: non con semplici ipotesi, ma con acquisizioni suffragate da numerose verifiche sperimentali, alcune delle quali resistono da oltre un secolo alle revisioni e alle critiche.

Anzi, l'inconsistenza del realismo locale (cioè del concetto di causalità in senso deterministico) è stata "dimostrata empiricamente" dal Big Bell Test, con il quale un "argomento precedentemente accessibile alla sola metafisica" è diventato oggetto di verifica sperimentale.

Siamo chiari: fatti scientificamente dimostrati, come l'*entanglement*, la complementarità, la dualità onda-particella e l'indeterminazione, non sono proprio compatibili con il vecchio materialismo. Hanno dimostrato che la materia non è la base fondante della realtà, ma solo la sua apparenza. Ma, ancora una volta, non si tratta di mere ipotesi: queste istanze hanno basi sperimentali (sensate esperienze) e dimostrazioni matematiche (necessarie dimostrazioni), come tutto ciò che fa parte delle scienze esatte.

Ecco una ricaduta molto importante della fisica sul piano filosofico e culturale. Stupisce soltanto che non ne sia stata colta l'importanza epocale al di fuori dell'ambito scientifico e che non abbia ricevuto una più adeguata attenzione.

Un secondo punto altrettanto rilevante – se ne è già ampiamente discusso – è che la fisica moderna rivaluta decisamente l'idealismo. Come quest'ultimo, la fisica considera ingannevole ciò che appare e vero qualcosa che sfugge all'esperienza sensibile ma è accessibile al pensiero. Anzi, inferisce con Planck che "la materia di per sé non esiste": è solo apparenza, l'ombra visibile di una realtà invisibile, fatta di idee che possono essere espresse non ambiguamente soltanto nel linguaggio matematico.

Sembra prender forma una sorta di neo-idealismo scientifico, che integra e corregge, in qualche modo, quello platonico; infatti, questa più nuova idea è immanente all'oggetto e ne è la sostanza intima, non qualcosa di irraggiungibile posto di là dal cielo, nell'iperuranio: collocazione simbolica che tende irrimediabilmente a distanziare l'idea platonica dal fenomeno, cioè dall'aspetto più accessibile della realtà. Per il neo-idealismo scientifico, invece, idea e fenomeno fanno parte della stessa realtà. Essi appaiono diversi solo perché diversi sono gli strumenti con cui si accede all'uno o all'altro: sensi e buon senso per il fenomeno, intuizione e forma matematica per l'idea. Proprio come, secondo il principio di complementarità, uno stesso oggetto si manifesta come onda o corpo in rapporto allo strumento con cui viene rilevato.

Infine, anche lo scetticismo nelle sue varie forme, altro punto di vista fondamentale della filosofia da Pirrone in avanti, non ha più molto senso, da quando l'umano intelletto, dopo aver conquistato una così grande parte della realtà fenomenica, si è spinto a comprendere alcuni aspetti del noumeno.

Il pensiero umano acquista una sostanziale attendibilità perché è in sintonia con le idee, intese sia come essenza ontologica della realtà, sia come principio di intelligibilità. Idee e pensiero, infatti, obbediscono alle stesse leggi e si esprimono nello stesso linguaggio matematico. La conoscenza può essere ottenuta con il canonico metodo scientifico basato sulle sensate esperienze e necessarie dimostrazioni, ma anche con un processo logico-matematico, capace di anticipare le prime. La dimostrazione di tale sintonia, o forse identità, è un'ulteriore ricaduta culturale della scienza. Anzi, da un certo punto di vista, è la più importante, poiché restituisce al pensiero la centralità che i grandi pensatori del passato gli avevano attribuito e rende di nuovo credibile l'antica ambizione umana di comprendere la natura delle cose. Se le stesse leggi governano il pensiero e la cosa in sé, il primo acquista inevitabilmente un rango che lo porta al di sopra della mente, intesa come semplice prodotto del cervello umano.

Sembra, in conclusione, che la scienza abbia risolto il millenario conflitto tra le tre principali istanze della filosofia (materialismo, idealismo e scetticismo). Il pensiero è di nuovo forte, l'umanità può uscire dalla caverna delle ombre.

XX

Realtà conoscibile e realtà pensabile

Nonostante tutto, però, anche le nostre possibilità di conoscenza hanno dei limiti che neanche il metodo scientifico riesce a superare.

Ne è un tipico esempio la teoria del Big Bang. Questa si basa su molti dati di fatto ben verificati: l'abbondanza nel cosmo degli elementi leggeri (idrogeno ed elio), l'esistenza e le caratteristiche della radiazione cosmica di fondo, l'effetto *redshift* che dimostra l'espansione dell'universo ed altri ancora. La teoria pone, tuttavia, problemi insormontabili. "Se l'universo non è sempre esistito, la scienza si trova di fronte alla necessità di spiegarne l'esistenza"[126]. In altre parole, che cosa precede e che cosa ha causato il Big Bang?

Purtroppo è del tutto impossibile rispondere in modo scientifico a questa legittima domanda, perché la scienza si ferma qualche nanosecondo prima di quel fatidico momento, che è caratterizzato dalla singolarità della condizione iniziale, dove le leggi – attualmente conosciute – della fisica non sono più valide. La relatività generale e il modello standard non sono più applicabili oltre quel limite, dove densità, temperatura e curvatura dello spazio-tempo tendono all'infinito, mentre il volume tende allo zero. Nessuna teoria della fisica è adeguata a descrivere quella condizione iniziale, dove nulla è più misurabile perché ogni grandezza fisica perde di significato[127]. La scienza può ipotizzare che quell'evento (il Big Bang) risalga a 13,798 ± 0,037 miliardi di anni fa, ma non riesce a penetrare in quella

---

[126] Arno Penzias, Astronomy/Cosmology, in American Scientific Affiliation, https://www.asa3.org/ASA/PSCF/1994/PSCF9-94Bergman.html

[127] S. Hawking, G.F. Rayner Ellis, *The Large-Scale Structure of Space-Time*, Cambridge, Cambridge University Press, 1973.

realtà: questa può essere ipotizzata, ma non è conoscibile nel vero senso della parola, almeno allo stato dell'arte. Potremmo dire che l'inconoscibilità della cosa in sé abbia spostato in avanti il suo confine: alcune cose sono ormai conosciute, ma il Big Bang è ancora solo pensabile.

A questo punto la scienza, che ha avuto l'ardire e la forza di svelare tanti segreti nella loro forma matematica, è costretta riconoscere i suoi limiti, davanti ai quali si ferma: qui passa il testimone alle altre forme del pensiero umano, almeno per quanto oggi ne sappiamo e salvo futuri sviluppi.

Sebbene nessuno abbia mai spiegato come quell'esplosione sia potuta accadere, non mancano sull'argomento diverse ipotesi alternative: non soltanto il creazionismo, ma anche la teoria del multiverso, il modello di Hawking, la teoria dell'inflazione caotica, la cosmologia di brana della teoria delle stringhe ed altre ancora.

Ma sono tutte ipotesi non verificate né verificabili, a detta degli stessi studiosi, perché qui la scienza perde i suoi poteri.

E dunque l'ipotesi di una mente, di una volontà o di un atto creativo come origine di tutte le cose, non è meno credibile né meno scientifica – o, se vogliamo, non è più antiscientifica – di altre. Come tutte le altre, può essere pensata ma non conosciuta.

Nulla vieta, perciò, di proiettare il pensiero oltre questo limite, rinnovando il desiderio dei nostri antichi avi e rivendicando il diritto di sapere (o per lo meno di riflettere e tentare di sapere) cui troppo spesso abbiamo rinunciato. L'antico vizio dell'umanità, la pretesa di conoscere, può tentarci ancora ma, se vogliamo continuare, dobbiamo nuovamente ricorrere alla riflessione di tipo filosofico.

Se, come si diceva, l'atomo democriteo può essere assunto come eterno e increato, non necessariamente concepito da un pensiero creatore, è difficile assumere una forma matematica come non pensata: ma pensata come e da chi?

Ecco che ritorna l'esigenza di un *Nous*, l'intelligenza cosmica che secondo Anassagora[128] governa la natura e ne determina l'armonia e la bellezza. Solo che non possiamo più accontentarci di considerare tale intelligenza soltanto come forza regolatrice dell'universo; dobbiamo concepirla piuttosto come ciò che pensa le idee di cui la realtà è fatta: quindi la causa e l'origine di tutto.

Il concetto di *Nous* si arricchisce del significato di primo motore di tutte le cose, nel senso aristotelico[129] del termine. Ma il *Nous* rappresenta, sempre secondo Aristotele, anche la superiore facoltà intuitiva dell'umano intelletto: è, dunque, un punto d'incontro tra umano e divino, o tra microcosmo e macrocosmo. Inevitabilmente, anche l'uomo è parte del *Nous*, come rappresentato nel *Corpus Hermeticum* dalla visione finale di Tat: "Padre, vedo il Tutto e vedo me stesso nel *Nous*!"[130].

Ecco perché l'uomo può conoscere l'essenza reale, la natura delle cose, accostandosi ad essa scientificamente, filosoficamente o spiritualmente.

Ma anche il concetto giovanneo di *Logos*, per il quale "tutto è stato fatto" e senza il quale "niente è stato fatto di tutto ciò che esiste"[131], acquista allora un senso diverso: diviene cosmogonia più che affermazione di fede, interpretazione ontogenetica più che dogma religioso. Le espressioni *bereshit* o *en archè* (in principio), con cui iniziano il Genesi e il Vangelo di Giovanni, perdono la loro valenza temporale, acquistando il senso

128 *Dizionario di filosofia Treccani* (https://www.treccani.it/enciclopedia/nous_%28Dizionario-di-filosofia%29/)

129 Aristotele identifica il *Nous* con il primo motore immobile, ma anche con la facoltà umana di intuire i principi indimostrabili (ibid.)

130 "Discorso segreto sulla montagna di Ermete al figlio Tat" in E. Trismegisto, *Corpus Hermeticum*, Milano, BUR, 2010, pag. 243.

131 Vangelo secondo Giovanni: 1,3-5. *La sacra Bibbia*, Conferenza Episcopale Italiana, 2 voll., Città del Vaticano, Libreria Editrice Vaticana, 2008

di origine o radice ontologica dell'universo. Il Big Bang si trasforma da inconoscibile e discutibile tempo zero del cosmo in atto creativo atemporale del *Logos*.

Giustamente, però, si vuole che la scienza resti neutra, che non prenda parte a un dibattito puramente filosofico né tantomeno religioso. Essa non può occuparsi di ciò che, come il nostro ipotetico creatore, o forse demiurgo, non può essere visto né misurato, anche se non può escludere l'ipotesi di un pensiero creatore.

Voglio dire che la scienza non può condurci direttamente alla scoperta di un Dio trascendente, che rimane inconoscibile per definizione (l'*Ein Sof* qabbalistico, il Nulla Infinito, il *Tao* senza nome) e che esula dal suo campo d'indagine; anzi, non deve occuparsene per non perdere il suo carattere di indipendenza ed oggettività.

Essa ci ha tuttavia portato ad ipotizzare che l'essere, inteso come l'essere vero, che non è oggetto di esperienza possibile ma sta dietro a tutte le manifestazioni della realtà, è un essere intelligente, fatto prima tutto di pensiero, che si rende conoscibile come forma matematica, senza la quale resterebbe del tutto ignoto.

Possiamo considerare questa acquisizione come comprovata e innegabile, altrimenti dovremmo contraddire e negare la nostra stessa essenza di animali intelligenti e simbolici. Il nostro intelletto si specchia nella realtà riconoscendole la stessa intelligenza e il medesimo linguaggio. L'intuizione cartesiana del "penso, dunque sono" si arricchisce di un significato più ampio, dal momento che quel pensiero (*cogito*), comprovante la mia esistenza (*ergo sum*), dimostra con la stessa immediatezza l'esistenza dell'altro da me, dotato anch'esso di pensiero: anche la natura – l'intera realtà – pensa, dunque è.

Ecco una nuova *tabula smaragdina* che dichiara la *meraviglia della cosa unica*: l'intera realtà, comprendente l'uomo, le particelle subatomiche ed il cosmo, è davvero un'unica cosa;

essa esiste in quanto pensa e pensa nella medesima forma matematica.

Aveva ragione Ermete Trismegisto.

La scienza ci ha portato a comprendere che la realtà non si esaurisce nei fenomeni che osserviamo, ovvero nell'apparenza sensibile delle cose. Ci ha mostrato che essa è fatta di elementi la cui natura è al limite tra materia, campo energetico e indeterminate probabilità; elementi che manifestano una duplice natura di onda e di corpo e sono capaci di correlazioni indipendenti dai vincoli spazio-temporali. Le parole e le semplici quantità non riescono a rappresentarli in modo compiuto ed univoco, perché sono comprensibili soltanto in forma di rigorose espressioni matematiche.

Con questo, la scienza ha superato i limiti consueti del fenomeno ed è andata a esplorare ciò che eravamo abituati a considerare pertinenza della filosofia: il noumeno, la cosa in sé. La *natura delle cose* che essa ha svelato è più affine alle intuizioni dell'idealismo filosofico, da Platone a Kant, che non al materialismo e nega in modo radicale ogni forma di determinismo, mettendo in crisi il positivismo ottocentesco. La scienza moderna, infine, ci porta ad ipotizzare un'intelligenza (una "mente conscia e intelligente", secondo Planck) quale origine o essenza del noumeno e, quindi, dell'intera realtà: donde, se no, questa trarrebbe la veste o l'essenza matematica che la rende comprensibile?

Qui ovviamente la scienza si ferma, come si ferma sulla soglia del Big Bang, ipotizzato ma inconoscibile per mezzo del metodo scientifico. Ecco un altro paradosso, frustrante, di tale splendido metodo: condurti sulla soglia di un mistero nel quale mai potrà penetrare.

Da qui in avanti, l'accettare o no queste conclusioni e le speculazioni che inevitabilmente portano con sé non è più un fatto scientifico. Intervengono, infatti, altre ragioni: l'*esprit de finesse* deve sostituire l'*esprit géométrique*, secondo l'intuizione di Pascal. Vedere – o intravedere – oltre il limite delle conoscenze scientifiche la presenza di un Essere Supremo (un Creatore, un Dio personale come quello annunciato dalle religioni monoteiste, o comunque il *Nous* o il *Tao* senza nome) diventa un fatto più personale, più attinente alla sfera della ragion pratica, per usare la terminologia kantiana, cioè all'etica e ad esperienze personali non certo di tipo scientifico. Forse attiene alle vie del cuore, poiché "il cuore ha le sue ragioni, che la ragione non conosce", per citare ancora Pascal[132].

In questo campo è difficile ragionare ed ancor più è difficile disfarsi dei pregiudizi, dell'educazione ricevuta, delle personali inclinazioni.

Tuttavia bisogna ragionare se non vogliamo lasciare che l'antico e forse eterno invito che l'umanità si è posta (il delfico *conosci te stesso*) rimanga sterile. Non è giusto, in fondo, che l'uomo moderno sia tanto più meschino dei suoi antenati da dimenticarlo e ignorarlo. E poi dobbiamo anche ammettere che avremmo qualche mezzo in più per conoscerci. Molta filosofia è passata – speriamo non invano – da quell'epoca, molte esperienze sono state fatte e, per finire, persino la scienza ci aiuta, avendo chiarito alcuni aspetti della *natura delle cose* e dell'umana psicologia.

In una realtà in cui la materia stessa si dimostra immateriale nei suoi ultimi componenti, l'uomo non può più essere soltanto ciò che mangia. In una realtà in cui tutto è indeterminato, l'uomo non può più essere prigioniero di un determinismo onnipotente e pervasivo. In una realtà *entangled* perché originata da un singolo evento (il Big Bang, qualunque cosa esso sia stato), l'uomo non può essere una variabile indipendente.

In una realtà intelligente, il Pensiero (λόγος) è l'origine di tutto.

Alla luce delle acquisizioni scientifiche, l'umanità si rivela

---

[132] B. Pascal, *Pensieri*, a cura di C. Vozza, Rimini, Guaraldi, 1995, pensiero 277

essere parte di un contesto dinamico, imprevedibile e intelligente: il personale microcosmo si riflette e si riconosce nel macrocosmo universale.

Resta perciò da affrontare l'aspetto più interessante di queste riflessioni: la nuova conoscenza scientifico-filosofica (mi si passi questa espressione, che mette insieme le nuove conoscenze dei fenomeni fisici e le loro ricadute sul piano ontologico) può aiutarci a conoscere noi stessi? Ed eventualmente in che modo?

XXI

Conosci te stesso (γνῶθι σαυτόν)

L'antica massima campeggiava sul frontone del Tempio di Apollo a Delfi. Non si sa bene, in realtà, chi ne sia l'autore: Chilone di Sparta, Biante di Priene o forse Talete (tre dei sette saggi dell'antichità), oppure il dio Apollo in persona, per bocca del suo oracolo[133]. L'origine storicamente incerta indica, comunque, che essa era avvolta in un'aura mitologica e considerata espressione della saggezza più elevata, non importa se di un uomo o di un dio, se di uno dei massimi sapienti di quel mondo o del dio del sole e della scienza che illumina l'intelletto.

È, in effetti, una massima ancor oggi attuale e ricca di significato. Ci invita a ricordare i nostri limiti e la nostra vulnerabilità, come le nostre capacità e potenzialità. Ci invita a riflettere sulle nostre motivazioni e inclinazioni, come sulle più profonde istanze dell'animo umano.

Può anche indurci – perché no? – a stenderci sul lettino dello psicanalista.

Ma questo è il meno, perché conoscere sé stessi può voler dire qualcosa di ancora più importante.

La massima ci chiede, infatti, di indagare sulla nostra autentica natura, di andare oltre l'apparenza del corpo e della mente, o almeno di quella piccola parte di mente che ordinariamente conosciamo. Siamo davvero soltanto degli esseri mortali e fragili, il mero risultato di processi biochimici e metabolici, in balia di ingovernabili forze esterne e di spesso incontrollate forze interne? Oppure siamo illusi signori del mondo, capaci di sfruttarlo fino a provocare la nostra stessa rovina?

---

[133] A. Smith, D. Wasserstein (a cura di), *Porphyrii Philosophi Fragmenta,* Stuttgart-Leipzig, Teubner, 1993, pag. 308-18.

Alcune tradizioni, religioni e filosofie sostengono che abbiamo un'anima immortale: anzi, che principalmente *siamo* quell'anima. Ma come crederci se questa è invisibile non soltanto ai nostri occhi materiali, ma anche alla consapevolezza dell'ordinaria autocoscienza riflessiva? Perché credere a ciò che non si può vedere e neanche sentire o in qualche modo percepire nella nostra mente? Non è più credibile il materialismo, basato su cose più tangibili e certe?

È una questione che, *mutatis mutandis*, ricorda la vicenda di Rebmann. Non sono pochi i viaggiatori che hanno raccontato del loro incontro con la propria realtà spirituale, se non con l'Essere assoluto, ma l'effetto Rebmann ci rende increduli: per nostra natura non crediamo alle esperienze estranee all'orizzonte della nostra abituale consapevolezza.

Nel VI secolo a.C., il principe indiano Siddhārtha Gautama, dopo un lungo percorso di meditazione sotto la guida di diversi maestri, finalmente raggiunse una regione ai più sconosciuta: la chiamò Grande Illuminazione. Conobbe ciò che Platone aveva ipotizzato (o forse anche lui interiormente conosciuto) come mondo della luce e della verità, contrapposto al mondo delle ombre in cui i comuni mortali sono rinchiusi. Non fondò una chiesa; non propose una fede apodittica. Lasciò, piuttosto, due cose in eredità: la sua testimonianza di aver conosciuto di persona il mondo dello spirito e dell'essere, ed un metodo per chi volesse cimentarsi nella ricerca, per giungere allo stesso traguardo.

Ecco un testimone che ci indica come raggiungere le nevi del Kilimangiaro, seguito da una lunga fila di persone che possono testimoniare di averle raggiunte anche loro, perché hanno usato lo stesso grande veicolo buddista. Tra questi ultimi, vorrei citare il Dalai Lama, un altro autorevole saggio che considera la conoscenza spirituale come un percorso sperimentale e sperimentato: oggetto non di fede, ma di interiore esperienza[134].

[134] "Entrambe le tradizioni [scienza e buddismo] hanno un approccio em-

Un altro esploratore di terre sconosciute – più o meno coevo di Gautama Buddha – è stato Pitagora. A differenza di altri grandi Maestri (per esempio un rabbi ebreo conosciuto come Gesù, la cui esistenza non è da tutti riconosciuta come fatto storico comprovato), nessuno dubita di lui come persona reale. Il suo lascito culturale nel campo dell'aritmetica e della geometria ci è familiare fin dalla scuola dell'obbligo. Tutti i musicisti del mondo hanno studiato le basi matematiche della musica poste dal suo monocordo e la filosofia ha verso di lui un debito straordinario: non soltanto perché lui stesso ha per primo usato questo termine, definendo tale tipo di studio come amore per la conoscenza, ma anche perché Platone stesso ebbe la sua iniziale formazione alla scuola pitagorica. E se Platone fu idealmente suo figlio, ne è seguita una miriade di nipoti e pronipoti, visto che l'Accademia restò attiva fino al V secolo d.C., cioè per quasi un millennio: un primato non ancora superato dalle nostre più antiche università.

L'influenza di Pitagora sulla cultura occidentale è semplicemente incommensurabile[4].

Come è noto, la scuola di Pitagora fu di tipo esoterico, oltre che matematico e filosofico, cioè volta anche ad un insegnamento per così dire riservato, finalizzato alla rinascita spirituale dell'adepto.

Vi si insegnava, tra le altre cose, che l'uomo è dotato di un'anima immortale, migrante dall'una all'altra vita (metempsicosi).

Mentre le conoscenze matematiche erano oggetto di rigorosa dimostrazione, i concetti metafisici dovevano essere accettati dagli allievi perché *ipse dixit*: almeno, così si dice. Ma perché credere agli insegnamenti del Maestro sulla parola? E come si giustifica il contrasto tra le rigorose dimostrazioni in campo matematico e l'apparente assenza di dimostrazioni in campo

pirico alla conoscenza": Dalai Lama, presentazione a *La tua mente può cambiare*, Milano, RCS, 2007, p. 7.

metafisico? Eppure i pitagorici non erano sciocchi, anzi, erano in grado di seguire un insegnamento matematico-filosofico di notevole difficoltà. È evidente che riconoscessero al Maestro l'autorevolezza e la credibilità di chi, per tornare all'esempio iniziale, ha già esplorato quelle regioni sconosciute. L'*ipse dixit* non va inteso nel senso di un'autorità indiscutibile ma autoreferenziale; indica, piuttosto, la testimonianza di chi ha vissuto più profonde esperienze spirituali ed è, per così dire, semplicemente un pioniere che ci racconta il suo viaggio. Esperienze, comunque, accessibili a tutti gli adepti attraverso il necessario (e non sempre facile) percorso.

Pitagora ha testimoniato che abbiamo un'anima immortale, con l'autorevolezza di una delle più grandi menti mai comparse nella storia dell'umanità. Tuttavia, quelli che non l'hanno mai vista non gli credono, in accordo col sempre valido effetto Rebmann.

Tra i testimoni di un viaggio nel mondo dello spirito non posso non citare un monaco senza nome, vissuto nell'Inghilterra del XIV secolo, autore ignoto de *La nube della non conoscenza*[135]. Come molti altri mistici di diverse religioni, questo sconosciuto frate, con una lunga e disciplinata pratica meditativa, è riuscito a portare la propria consapevolezza oltre la porta che ci separa dalla realtà spirituale, ai più ignota: una realtà così difforme dai consueti schemi mentali che ha dovuto coniare, per definirla, la perifrasi *nube della non conoscenza*. Anche lui era un esploratore, che ha riportato le sue esperienze non dall'Africa, ma dalla regione dello spirito. Ed io non ho motivo per non credergli, né vorrei comportarmi come i contemporanei di Rebmann, ritenendo impossibile ciò che non conosco. Sebbene comprensibile, un tale atteggiamento non è giusto: la mia ignoranza non può essere il metro della realtà. Dovrebbe, semmai, spingermi ad indagare di più. Tuttavia, non posso non definire comprensibile questa diffusa incredulità perché, come

[135] Autore ignoto, *La nube della non conoscenza*, Milano, Adelphi, 1998.

l'esistenza della neve all'equatore cozzava contro la comune esperienza della maggior parte delle persone, così pure l'esistenza dell'anima contrasta con la nostra comune esperienza. Noi siamo consapevoli di noi stessi – anche se solo in parte – come corpo e come mente, ma niente altro ci appare. L'autocoscienza riflessiva di cui l'uomo è dotato non riesce, abitualmente, ad andare oltre. Restando al nostro ricorrente esempio, viviamo in Europa, ma l'Africa è lontana.

Ma se al mondo non esistesse tutto ciò che non ho mai visto né conosciuto, il mondo sarebbe una ben piccola cosa! Perciò la conoscenza di sé non può fermarsi al mondo fisico e alla psiche, per come è comunemente intesa. Dovremmo riuscire a superare questi limiti per conoscere quella dimensione spirituale che molti hanno testimoniato di avere incontrato e molti altri negano, per il solo e discutibile motivo che non l'hanno mai sperimentata. E allora perché non fare un viaggio in Africa, per renderci conto di persona?

È una soluzione persino ovvia, una strada che ha qualche analogia con il metodo scientifico, nel senso che parte da "sensate esperienze" in un ambito non più fisico, ma spirituale; senza di queste non si risveglia l'*esprit de finesse*, cioè quella diversa intelligenza a-razionale che, secondo Pascal, può farci accedere ad una diversa realtà. Il metodo empirico non è per niente estraneo alla ricerca spirituale, come anche il Dalai Lama sostiene. In analogia con il metodo scientifico, la ricerca spirituale parte dall'esperienza per superarla e portarci a conoscere l'essenza nascosta al di là dell'esperienza stessa.

Tuttavia non è facile, perché la natura umana e non pochi pregiudizi culturali ci rendono miopi nei confronti delle metaforiche nevi del Kilimangiaro.

Bisogna armarsi di umiltà per conoscere, partendo dal sapere di non sapere, secondo l'esempio di Socrate. Ci sono diverse strade per incontrare la propria dimensione spirituale: vie eminentemente pratiche, seppur non facili.

Conoscere sé stessi non è impresa da poco, ma ne vale la pena. Tornando alla domanda posta prima di questa lunga digressione, credo che le nuove conoscenze scientifico-filosofiche, di cui si è finora parlato, siano d'aiuto alla conoscenza di sé nella misura in cui ci hanno fatto riconoscere l'inadeguatezza del materialismo a rappresentare il mondo e, a maggior ragione, noi stessi. Direi che svolgono un ruolo ironico nel senso socratico del termine: mettono in luce le contraddizioni, preparando il terreno alla successiva fase maieutica. Hanno, infatti, reso poco credibile il materialismo e il determinismo: la nostra corporeità si è rivelata evanescente, il giogo della necessità incerto. Ci hanno, inoltre, abituati a comprendere i paradossi e a superare gli stretti vincoli di una razionalità deterministica o, se vogliamo, del vecchio positivismo. I risultati più nuovi della scienza dovrebbero aver aperto la nostra mente ed averci allenato allo stupore.

L'intelligenza si manifesta e opera nella realtà attraverso le idee, substrato della materia stessa e, presente nell'umanità, ci porta a superare i limiti dell'apparenza; quello stesso intelletto guida l'evoluzione delle specie, inventando le più improbabili mutazioni genetiche; questa intelligenza ci promette che anche il mistero invisibile nascosto alla coscienza riflessiva della persona sia esplorabile con il giusto metodo.

Ma le mie riflessioni si fermano qui: non sono né voglio apparire come un maestro e, vi assicuro, non sono in grado di guidare nessuno in un percorso spirituale. Sono soltanto un viaggiatore ancor lontano dalla meta. Ma basta vederle da lontano, quelle nevi, per sapere che esistono e desiderare con tutto il cuore di raggiungerle.

In ogni caso, la ricerca del metodo appropriato non può che essere strettamente personale. Conoscere sé stessi è possibile con il giusto metodo, ma tutti i metodi di cui ho avuto notizia più o meno approfondita sono nel contempo vie di autoconoscenza e di interiore trasformazione. È del tutto inutile spiegarli in teoria: possono solo essere messi in pratica, perché la comprensione si realizza man mano che ci si trasforma. È per questo che venivano, in passato, indicati come esoterici o iniziatici.

XXII

Il computer e l'operatore

Per finire, vorrei introdurre un ulteriore punto di vista, tendente a spiegare perché mai la mente aderisca così bene all'ingannevole apparenza del fenomeno: un'altra interpretazione del perché noi siamo costretti a suddividere il tempo in passato, presente e futuro e a scambiare le ombre per oggetti reali.

È il punto di vista della cosiddetta *simulation hypothesis*, cui abbiamo accennato nel capitolo X riguardo alla teoria delle stringhe.

Secondo tale ipotesi, l'intera realtà apparente (il mondo del fenomeno) altro non è che un'immensa simulazione, una realtà virtuale, come quelle che usiamo per giocare su un computer o su altri strumenti digitali. Saremmo tutti, in altre parole, come dei Mario, dei Sonic o delle Lara Croft dei classici videogiochi o, meglio, come i Neo e i Morpheus del film *The Matrix*.

«Matrix è ovunque. È intorno a noi. Anche adesso, nella stanza in cui siamo. È quello che vedi quando ti affacci alla finestra, o quando accendi il televisore. L'avverti quando vai al lavoro, quando vai in chiesa, quando paghi le tasse. È il mondo che ti è stato messo davanti agli occhi per nasconderti la verità.» Così Morpheus spiega il senso del mondo virtuale, per come immaginato dagli autori del film[136].

Un'idea consimile di vita apparentemente reale, ma costruita su una pura simulazione (questa volta scenica e non informatica) è rappresentata nel film *The Truman Show*. Anche qui il protagonista vive come vera un'illusione costruita a suo uso e consumo, riuscendo a superarla per comprendere e raggiungere una più autentica realtà. Truman riesce, alla fine, ad emergere dalla sua moderna caverna delle ombre, superando material-

[136] Andy e Larry Wachowski, *The Matrix*, 1999.

mente la soglia che porta al mondo reale[137]. Certo, nessuno vuol confondere il racconto fantastico con la realtà, per quanto ingannevole questa possa essere. Ma non si può negare che il cinema sia riuscito a rappresentare in modo comprensibile e avvincente l'allegoria della caverna di Platone o teorie più moderne e rivoluzionarie come la *simulation hypothesis*. Qualche volta l'artista riesce a cogliere le istanze più profonde del pensiero umano per renderle fruibili in una veste fantastica, dove le *dramatis personae* incarnano alcuni aspetti del dramma vissuto da noi *personae* reali.

Tutto ciò è interessante ma la questione, messa in questi termini, non è facilmente accettabile: chi vorrebbe mai ammettere che la sua propria vita non sia reale e profondamente vera? In fondo siamo tutti disposti a discutere di apparenza ed essenza, fenomeno e noumeno, finché si resta sul piano della speculazione filosofica; ma nessuno è propenso a credere che sia proprio così sul piano della concretezza e della vita vissuta.

Dobbiamo perciò chiederci, prima di tutto, se la *simulation hypothesis*, oltre a queste affascinanti rappresentazioni cinematografiche, abbia qualche elemento concreto di credibilità.

In verità non sono pochi gli argomenti – concreti e scientifici – su cui essa si basa.

Come una simulazione informatica è fatta di innumerevoli unità (pixel e bit), così la realtà è fatta di quanti, le innumerevoli unità che costituiscono il mondo. Materia ed energia (ma anche spazio e tempo, secondo la teoria delle stringhe) sono quantizzati; anche la realtà è pixelata.

La natura può essere paragonata a una *matrix* di funzioni computabili, cioè programmabili secondo un procedimento matematico, ovvero mediante un algoritmo che può svolgere il compito della funzione stessa[138].

Come ogni bit utilizzato da un programma digitale è identico

---

[137] Peter Weir, *The Truman Show*, 1998.

[138] https://it.wikipedia.org/wiki/Teoria_della_calcolabilit%C3%A0

a tutti gli altri, così è per le stringhe, ed ogni quantum è identico a tutti gli altri della stessa categoria. La realtà, così differenziata e complessa, è fatta di un numero limitato di tipologie di piccole entità, tutte eguali tra di loro.

Tutte queste unità elementari possono essere descritte mediante un linguaggio macchina binario, cioè sequenze di 0-1 (come il linguaggio informatico) nelle equazioni che descrivono la supersimmetria e in quelle che descrivono il cosmo.

La realtà fisica ha una velocità-limite, data dalla velocità della luce. Similmente, una realtà virtuale ha sempre una velocità che non può essere in alcun modo superata: quella del processore.

La non località, dimostrata nei fenomeni di *entanglement* quantistico, è impossibile da spiegare nell'ambito di una concezione materialistica; diventa comprensibile nell'ipotesi di una simulazione, dove d'altronde tutti gli elementi sono equidistanti dal processore che la gestisce.

Anche l'ipotesi del Big Bang è difficile da spiegare da un punto di vista materialistico: come potrebbe l'universo nascere spontaneamente dal nulla? Diventa, però, più credibile come Big Bang digitale, sorgente della simulazione.

In sostanza, restando nel campo delle ipotesi, quella della simulazione non è per niente più peregrina dell'ipotesi materialista, anzi, ha maggiore credibilità. Purtroppo, è un'ipotesi destabilizzante e sovversiva. È questa sua caratteristica, soprattutto, a renderla così difficile da digerire.

Ma quale sarebbe il rapporto tra questa simulazione e la nostra mente? Che cosa le conferirebbe l'apparenza di realtà? E quale sarebbe il rapporto tra la simulazione e la realtà vera (mi riferisco alle idee) che abbiamo scoperto esistere al di là dell'apparenza?

Anche queste domande hanno risposte credibili, a patto di essere liberi da pregiudizi e ricordare che stiamo facendo solo un'ipotesi.

Prima di tutto, il cervello e l'apparato sensoriale – nel loro insieme – sono l'interfaccia che ci consente di avere accesso all'esperienza, oppure – nella presente ipotesi – alla simulazione.

Tale interfaccia fornisce i contenuti mentali con cui rappresentiamo la realtà, compreso il nostro stesso corpo, del quale siamo a conoscenza per il tramite dei non pochi sensi interni. Ma noi, senza volerlo, tendiamo ad identificarci con la nostra mente e con la sua rappresentazione del mondo e, prima di tutto, di noi stessi. È l'involontario "sono quel che penso" – riferito alla percezione interna che ho di me stesso – di cui s'è detto più sopra. È il limite del nostro io, che è consapevole di una fetta parziale di sé stesso e della realtà.

Ma a questo limite si associa e si contrappone la capacità di critica, di intuizione e di sviluppo di una conoscenza che vada oltre il limite stesso. Lo abbiamo visto nel pensiero filosofico, come nella scienza moderna, ma, a maggior ragione, tale capacità è prodromica alla ricerca interiore del sé autentico. Noi siamo contemporaneamente dentro e fuori la realtà virtuale di cui si parlava: la percepiamo come vera realtà, ma siamo anche in grado di osservarla e criticarla.

È questo il paradosso, il dualismo più interessante dell'uomo, senza il quale non sarebbe mai stato possibile lo sviluppo del pensiero filosofico e della scienza, né la ricerca del sé più profondo e autentico in tante diverse scuole di autoconoscenza spirituale. La realtà virtuale in cui saremmo immersi è certamente prevalente, ma non così pervasiva da cancellare tutto il resto. Semmai lo tiene nell'ombra, dalla quale noi possiamo trarlo per restituire centralità a quell'indistinto qualcosa: il nostro vero sé, del quale l'io altro non è che un pallido riflesso.

Noi abbiamo un cervello, che è a tutti gli effetti l'hardware necessario al pensiero e, più in generale, al sentire in tutte le sue forme. Per poter funzionare, il cervello si avvale, come qualunque altro computer, di programmi e sistemi operativi (e ovviamente di energia). Ma come qualunque computer artificiale, anche questo calcolatore naturale non servirebbe a nulla senza un operatore. Nella misura in cui mi identifico con la simulazione, ne sono prigioniero; nella misura in cui sono consapevole del mio status di operatore, io sono libero dalla *matrix* e posso adoperarmi per vedere oltre l'illusione: usare il computer anziché esserne usato. Ecco l'ambivalente posizione degli esseri umani.

Per la gran parte del nostro tempo, noi siamo prigionieri della simulazione. Il cervello detta le regole per stabilire ciò che è vero e ciò che è falso e l'operatore ci crede, perché considera reale quel che elabora il cervello. L'operatore, infatti, generalmente non ha coscienza di esserlo: ha, per così dire, dimenticato sé stesso. Soltanto un percorso di autoconoscenza (il γνῶθι σαυτόν – conosci te stesso – delle antiche vie iniziatiche) ci consente di prendere coscienza diretta e costante di noi stessi come operatori: sebbene condizionati dal computer interno, siamo (o possiamo diventare) i suoi gestori.

Ma, anche quando non abbiamo una chiara coscienza del nostro essere più autentico, possiamo presumerne l'esistenza. Senza quell'essere, infatti, non sarebbe stato possibile il percorso che ci ha portato a superare l'apparenza per scoprire, prima filosoficamente e poi scientificamente, il mondo delle idee. Né potremmo spiegare le esperienze dei tanti viaggiatori della dimensione interiore, che hanno raggiunto i diversi gradi dell'illuminazione. D'altronde è persino ovvio: come tutti i computer del mondo, anche il computer interno non ha senso senza un operatore o, per lo meno, un fruitore.

L'idea del computer e del programma informatico, con i quali viviamo questa nostra tipica dualità, non è una teoria più o meno fantasiosa. Sebbene sembri, a prima vista, difficilmente credibile, ha una base estremamente concreta ed esperienziale. Cercherò di spiegarla con due esempi in cui mi sono imbattuto nella mia attività di medico.

Un alcolista grave, in crisi di astinenza, stava vivendo l'esperienza delle microzoopsie. È un sintomo molto tipico: il paziente vede, con estrema nitidezza e realismo, dei piccoli animali (come insetti o ragni) che gli stanno attorno o gli camminano addosso. È del tutto convinto che siano reali: tutti siamo disposti a prendere per vero ciò che vediamo. Anzi, per credere a qualcosa, spesso pretendiamo di vederla. Quel paziente non solo li vedeva, ma era perfettamente in grado di toccarli: infatti, li prendeva delicatamente con la punta delle dita (nessun mimo sarebbe riuscito ad imitare così bene quel movimento, realistico perché soggettivamente reale) e li buttava via. Come si spiega l'allucinazione e la totale aderenza ad essa della coscienza? Si spiega, semplicemente, con un piccolo guasto al computer. Le alterazioni indotte dall'alcol al sistema informatico fanno sì che il cervello produca immagini che non sono generate dalla presenza materiale di ciò che si vede: immagini non provenienti dalla retina né in rapporto con la presenza di oggetti esterni, ma elaborate autonomamente dal cervello e perfettamente realistiche fin nei minimi dettagli. Tuttavia, la nostra coscienza le accetta come reali, perché è abituata a dipendere da ciò che il computer-cervello le mostra. Non è, sul momento, in grado di criticare l'esperienza che sta vivendo. L'esperienza delle allucinazioni visive dell'alcolista è una bella dimostrazione di una simulazione gestita dal computer interno e del fatto che questa è del tutto credibile – e creduta – pur essendo del tutto irreale.

La seconda esperienza, totalmente diversa, fu di un paziente in stato di shock emorragico, che subì un prolungato arresto cardiaco mentre veniva trasportato in sala operatoria. Dopo le manovre rianimatorie il cuore del paziente riprese, contro ogni previsione, a battere e fu possibile operarlo e arrestare l'emorragia. Comunque, il paziente era stato per qualche minuto a cuore fermo, con gli occhi chiusi e con il cervello (il suo computer) privo di ossigeno (senza alimentazione elettrica, nel nostro paragone). Diversi giorni dopo, mi raccontò di aver visto "come dall'alto" il proprio corpo (il fenomeno è detto autoscopia ed è molto frequente in questi casi) e ciò che accadeva attorno a lui durante quei drammatici minuti, anche al di fuori da quello che sembrava essere il suo campo visivo. Poiché non gli credevo, mi riferì tutti gli avvenimenti, indicando con precisione le persone presenti, che cosa facessero e che cosa dicessero. Non soltanto era stato ben presente al mondo, pur avendo il cuore fermo e il cervello anossico – ed apparendo del tutto inerte ed incosciente – ma era stato perfettamente in grado di fissare il suo vissuto nella memoria, che è un processo neurofisiologico attivo e con un suo costo energetico. Anche per me, come per lui, fu un'esperienza significativa; ma tali esperienze sono ben note in ambito medico come *near death experiences* e sono oggetto di studio dal punto di vista neurofisiologico[139], oltre che di riflessione filosofica. Anche Jung testimonia nella sua autobiografia[140] di aver avuto un'esperienza simile nel 1944 in seguito ad un grave incidente. Queste esperienze dimostrano che la coscienza esiste indipendentemente dal computer, visto che in alcuni casi si è potuto documentare l'interruzione dell'attività elettrica cerebrale. La coscienza, in altri termini, appartiene all'operatore ed è indipendente dal cervello-computer.

Questi due esempi non hanno la pretesa di dare una spiegazione esaustiva della funzione cerebrale, della mente e della coscienza, né sono gli unici esempi possibili. Ce ne sono miriadi: basti pensare agli effetti allucinatori delle droghe psicotrope;

---

[139] Non posso citare tutti i numerosi studi medici pubblicati sull'argomento. Mi limiterò ad una significativa review pubblicata su un'autorevole rivista scientifica: S. Parnia, D.G. Waller, R. Yeates, P. Fenwick, *A qualitative and quantitative study of the incidence, features and aetiology of near death experiences in cardiac arrest survivors*, in Resuscitation, 2001,48: pp. 149-156. Gli autori dell'articolo, come me, si interrogano sul rapporto tra pensiero e cervello.

[140] K.G. Jung, *Ricordi, sogni, riflessioni*, Milano, BUR, Saggi, 1986, pag. 344.

alle conseguenze di differenti lesioni neurologiche sulla percezione, sul pensiero e sulla consapevolezza; alle suggestioni subliminali, alle esperienze meditative; alle esperienze comuni del sogno, in cui viviamo per vera una diversa realtà. Servono però a rendere ben chiare due cose: il ruolo del cervello-computer, così potente nel determinare il nostro senso della realtà, e l'esistenza di un operatore, il più delle volte del tutto immedesimato nella simulazione, ma talvolta indipendente e cosciente di sé, anche quando il computer è fermo.

L'ipnosi è un altro esempio peculiare e significativo: il soggetto ipnotizzato presta, per così dire, il mouse del computer ad un'altra persona, che può così indurre suggestioni che il soggetto considera del tutto vere, fino ad annullare il dolore fisico (un'analgesia che consente anche piccoli interventi chirurgici), ad avere reazioni neurovegetative reali a stimoli inesistenti o a credere di aver deciso di fare delle cose che invece erano state suggerite.

A mio modo di vedere, non si può negare che esista una simulazione che influenza le nostre coscienze, tanto credibile che le diamo il valore di realtà oggettiva. È ovviamente una simulazione interna alle nostre menti, che ci fa considerare vero il mondo dell'apparenza in cui viviamo. Potremmo dire che il nostro computer interno, con le sue funzioni neurofisiologiche, filtra la realtà e condiziona la nostra coscienza ordinaria: funge da velo di Maya, determinando ciò che consideriamo, in prima istanza, come realtà. Non cancella però l'operatore, che è potenzialmente (e talvolta effettivamente) in grado di guardare oltre quel velo: con la scienza, con la riflessione filosofica o con pratiche interiori che consentono di staccare (più o meno intenzionalmente) la nostra consapevolezza dal computer, per guardare direttamente noi stessi e il mondo.

La *simulation hypothesis* pretende, però, che vi sia anche una immensa simulazione sul piano cosmico, di cui noi siamo una piccola parte. Forse questo punto di vista, peraltro non dimostrato, è davvero eccessivo. Tuttavia, anche senza arrivare a tanto, possiamo prender coscienza della simulazione che agisce a livello del microcosmo umano.

Essa ci fa percepire la realtà secondo le sue regole che, abbiamo visto, non corrispondono alla vera *natura delle cose*: queste ci appaiono per come la simulazione ce le fa vedere, non per come sono in sé. Noi consideriamo vera la realtà apparente finché è l'unica che conosciamo, e ci identifichiamo con il nostro io dimenticando la nostra vera natura: un sé più grande, sconosciuto ma conoscibile.

Perciò conosciamo il tempo come *distensio animi* e le cose come materia.

Ma tutti i nostri piccoli computer personali utilizzano lo stesso software, almeno in prima istanza. Questo sembra essere implementato nel computer fin dalla sua fabbricazione, cioè fin da quando il cervello si forma secondo il piano dettato dal nostro patrimonio genetico. Patrimonio che, pur essendo differenziato in miliardi di individualità particolari, è comune a tutta l'umanità, come ormai dimostrato dagli studi sulla genetica umana[141] (con buona pace dei razzisti di diversa estrazione), e che condivide molti caratteri (più o meno numerosi, ovviamente) con tutti gli esseri viventi della terra. In qualche modo, i nostri computer sono in rete e comunicano tra di loro, avendo la stessa matrice genetica, lo stesso software e le innumerevoli connessioni che esistono nel complesso insieme di cui siamo parte. La simulazione è patrimonio comune dell'umanità, se non, in qualche misura, di tutti gli esseri viventi.

---

[141] Gli esseri umani condividono oltre il 99% del patrimonio genetico, a prescindere dal gruppo etnico e dal continente in cui vivono: c'è più omogeneità nel genere umano che non all'interno della popolazione degli scimpanzé africani, che pure è molto più piccola e circoscritta. (Genetica, razze e differenze etniche, in Enciclopedia Treccani, 2007. https://www.treccani.it/enciclopedia/genetica-razze-e-differenze-etniche_%28Enciclopedia-della-Scienza-e-della-Tecnica%29/).

In conclusione, il nostro io – la cosiddetta persona nel senso etimologico di identità assunta per vivere la rappresentazione scenica della vita – rappresenta, con ogni evidenza, la risultante dell'incontro tra la simulazione creata dal computer-cervello, con la quale tendiamo ad identificarci, e un sé operatore, vero titolare della coscienza, del quale l'io, il più delle volte, non è consapevole.

Vige anche interiormente la coabitazione tra illusione e realtà, tra la simulazione che il nostro computer interno costruisce e la realtà meno evidente del sé operatore. Coabitazione che si riflette in quella tra fenomeno e cosa in sé che vige per tutto ciò che percepiamo ed esploriamo al di fuori di noi. Ma l'analogia tra realtà interiore e realtà esterna, a mio modo di vedere, rende interessante l'ipotesi della simulazione cosmica, cioè estesa al piano dell'intera manifestazione. D'altronde tale ipotesi, sebbene non sia dimostrata e sembri incredibile, porta con sé conseguenze oltremodo interessanti: un buon motivo per esplorarla, pur senza perdere il senso critico.

Infatti, qualunque realtà virtuale esige l'esistenza di un suo progettista e sviluppatore: un Grande Informatico dell'universo. Si può discutere se il cosmo esista increato dall'eternità, ma non se un programma sofisticatissimo esista senza un programmatore. Il linguaggio informatico – che poi è linguaggio matematico, comune alle particelle subatomiche come alle stelle e all'uomo – gli algoritmi, il codice sorgente: tutto questo richiede un complesso atto consapevole, un'intelligenza, una finalità, una volontà e un lavoro di sviluppo e implementazione.

Ma non basta, perché non possiamo ignorare che una simulazione richiede, per esistere davvero, che qualcuno la usi. Proprio come un videogioco, che è dormiente nel computer finché qualcuno non si mette a giocare e, giocando, lo realizzi: può finire subito o durare a lungo, avrà dei vincitori e dei vinti, raggiungerà un punteggio infimo o da record; dipende da come si gioca, quali opzioni si scelgono, quanto si è abili e allenati. Nessun videogioco ha un esito prestabilito. Ma tutti i videogiochi si realizzano soltanto nel momento in cui un giocatore dà il comando "play".

In altre parole, se la vita è una particolare forma di simulazione, può avere sviluppi diversi, che derivano dall'interazione del giocatore con il gioco. Sebbene il gioco sia, entro certi limiti, predefinito, il suo esito non è per niente scontato. Gli esiti non sono infiniti, ma certamente sono *indeterminati*.

Giocando costruiamo la nostra vita all'interno di un gioco più grande, che il più delle volte neppure conosciamo. La nostra vita personale, come la storia dell'umanità, si sviluppa dall'interazione dei giocatori tra di loro e con la simulazione.

Ma noi siamo del tutto inconsapevoli che si tratti di una simulazione; la riteniamo una realtà oggettiva ed immodificabile, pertanto non diamo abbastanza importanza al nostro gioco e non cogliamo il senso di questa nostra responsabilità. Infatti, non possiamo considerarci passive marionette guidate da un meccanismo deterministico: siamo protagonisti, sebbene non onnipotenti; liberi, sebbene condizionati da molteplici fattori interni ed esterni (la nostra è, per molti versi, una sorta di libertà condizionata). Giocare alla grande simulazione della vita è tragico se non se ha consapevolezza, ma diventa entusiasmante se si è consapevoli, nonostante le grandi difficoltà che il gioco comporta.

Per certi versi l'umanità ha sempre cercato in qualche modo di comprendere le regole del gioco, anche quando la sola idea di una simulazione era impensabile. Forse è questo il senso di alcuni antichi metodi sapienziali, che cercavano di armonizzare le azioni umane con le stelle, studiando astrologicamente – ad esempio – il rapporto tra il cielo e la vita umana, o di seguire le regole del mutamento attraverso la composizione degli esagrammi dell'Yìjīng, o di conoscere l'orientamento del fato dalle parole dell'oracolo o dall'aspetto del fegato di un capretto. Quale civiltà non ha avuto i suoi indovini o i suoi Re Magi?

Certo, questi metodi non hanno nulla di scientifico – per quanto se ne sappia – ma esprimono il desiderio innato di conoscere il collegamento tra l'individuo e l'insieme di cui fa parte, un'idea così integralmente diffusa in tutte le civiltà, epoche e latitudini da poter essere considerata un'idea innata, l'espressione di un archetipo universale e potente.

Ma in un mondo più smaliziato come quello moderno, che tende a relegare queste credenze nella categoria della stupida superstizione, il concetto di rete, di insieme, di sviluppo della realtà virtuale della vita ci restituisce il senso dell'interdipendenza e di un ruolo attivo e potente dell'umanità, ci risveglia alla consapevolezza delle nostre azioni, ci richiama alla nostra responsabilità di giocatori, così come ai limiti cui siamo soggetti, muovendoci in un campo tanto più grande di noi.

Se l'ipotesi è vera, la storia la facciamo noi, creativamente, individuando le possibilità e le vie percorribili; in ogni caso, non la subiamo deterministicamente.

Ma si tratta di ipotesi: su questi temi, chiunque sarebbe felice di conoscere una verità conclusiva.

O forse no: molti preferirebbero restare nell'ombra della caverna, tenendosi ben strette le più rassicuranti illusioni. Non a tutti piace avere una libertà di scelta.

Certamente è impossibile trarre conclusioni chiare e definitive. Per comprendere appieno la natura delle cose e la nostra propria essenza, dovremmo superare i limiti della stessa natura umana, ma noi siamo quello che siamo.

Eppure non è poco ciò che abbiamo scoperto nell'ultimo secolo della nostra storia. Anzi, è così tanto che ancora dobbiamo digerirlo ed esserne pienamente consapevoli.

Conclusioni

Forse è il caso di fermarci a riflettere sulle poche rivoluzionarie certezze che oggi la scienza ci fornisce, sui problemi che queste aprono e sulle ipotesi ancora indimostrate che sgorgano dalla fertile sorgente del pensiero umano.

È una riflessione necessaria a comprendere chi davvero siamo, qual è il nostro posto nel mondo, dove ci porta la vita come individui e come umanità.

La massima scritta sul frontone del tempio a Delfi ancora ci interroga, ma oggi la risposta è più a portata di mano.

La scienza moderna ci ha donato alcune ipotesi affascinanti su cui riflettere, ma soprattutto alcune certezze, che dovremmo comprendere e far nostre, inserendole nel comune bagaglio di conoscenza del genere umano. Come tutti sappiamo che esiste la forza di gravità o che due più due fa quattro, concetti che abbiamo digerito e assimilato fin da bambini e dei quali ci serviamo nella vita quotidiana, così tutti dovremmo far nostri i concetti più nuovi derivanti dalle più nuove acquisizioni scientifiche.

Prima di tutto sarà bene comprendere che le certezze materialistiche e deterministiche cui eravamo abituati sono del tutto ingannevoli. Non è più su queste che dobbiamo fare affidamento.

La *natura delle cose* si è rivelata alla scienza come idea e la realtà si è rivelata come pensiero. I concetti di *Nous* e di *Logos*, anticamente intuiti dal punto di vista filosofico o spirituale, sono nuovamente attuali, poiché non possiamo non riconoscere che essenza e origine della realtà è l'intelligenza che crea e permea la realtà stessa, dall'infinitamente piccolo dei quanti, alla vita sul pianeta Terra, all'immensità del cosmo.

Poi dobbiamo essere ben consapevoli che il pensiero umano è abbastanza forte da penetrare l'essenza ontologica della realtà, inaccessibile all'esperienza sensibile. Esso è uno strumento così efficace da aver consentito ai nostri avi di concepire ipotesi interpretative della realtà oggi rivelatesi compatibili con la scienza più avanzata, e da consentirci di comprendere come sono fatti l'atomo e le particelle subatomiche – fino ai più piccoli e sfuggenti componenti – nella loro forma matematica, cioè nella loro essenza di noumeno.

La nostra forza è nel pensiero ed è questo che dobbiamo coltivare, con la pazienza e la sapienza del contadino.

La tecnologia, di cui oggi andiamo così orgogliosi, è solo un sottoprodotto della scienza, allettante scorciatoia verso un provvisorio benessere, ma per molti versi distruttiva. Tuttavia, la tecnologia più datata, volta a produrre l'energia necessaria al nostro stile di vita, sebbene ormai manifestamente dannosa, continua ad essere padrona del mondo. Analogamente, la tecnologia informatica è usata a fini di lucro più che per il bene dell'umanità. Entrambe sono oggi strettamente legate all'economia e al potere; ciò spiega come mai siano diventate così difficili da controllare. Come nella favola dell'apprendista stregone, abbiamo messo in moto un meccanismo che tende a sfuggire al nostro controllo ed a far danni, grossi danni.

Infine, la caduta del determinismo, ormai "dimostrata empiricamente" dal Big Bell Test, lascia spazio a sconosciuti gradi di libertà nel dispiegarsi del mondo. La Legge che regola il tutto non è il realismo locale deterministico né il caos della mera casualità, ma una superiore Intelligenza, cui l'umano intelletto si è accostato grazie al linguaggio che accomuna l'insieme degli esseri umani, superando ogni barriera divisoria, e che è la stessa lingua dell'atomo, del pianeta Terra con la totalità della natura vivente, della nostra galassia e dell'intero cosmo. Da questo punto di vista, l'intera realtà è una rete interconnessa, che parla la stessa lingua universale.

Ma qual è il ruolo dell'umanità in questo scenario così vasto e affascinante?

Tra la consapevolezza di condividere qualcosa di importante con il cosmo e di essere parte del *Nous* e l'evidenza di essere ben poca e povera cosa rispetto alla complessa immensità del tutto è necessario ritrovare un giusto equilibrio.

Sapendo di non sapere, non possiamo più pretendere di essere i padroni del mondo. Sapendo di sapere, dobbiamo essere i saggi custodi di quanto ci spetta del mondo.

Conoscendo meglio noi stessi possiamo essere più liberi ed ambiziosi.

Indice

Gilgamesh Edizioni

ENKI – Collana di Saggistica

Riccardo Gobbi, *Dal circolo vizioso al circolo virtuoso*
Corinna Tania Gallori, *Il Monogramma dei Nomi di Gesù e Maria*
Rino Cammilleri, *Il Kattolico 3*
Roberta Lugoli, *La Mente Cosmica – Una metafisica del pensiero*
Riccardo Gobbi, *Memoria e conferme su Dio e sulla fede*
Fausto Bertolini, *Gesù e il Super-Io*
Michele Garini, *MESSA così è tutta un'altra cosa – Rito, esperienze, suggestioni*
Francesco Burlini, *Eresie ambientaliste*
Fabio Terraroli, *Leggende di Lonato*
Giorgio Pavesi, *Leone de' Sommi hebreo e il teatro della modernità*
Christian Monti, *Viaggio critico nel Mistero – tra Cattedrali gotiche, Templari e Massoneria*
AA. VV., *La Cattedrale di Asola*
Lidia Gallico, *Una bambina in fuga – Diari e lettere di una ebrea mantovana al tempo della Shoah*
Fausto Bertolini, *E se Dio non ci fosse?*
Alberto Zanoni, *I temi della vita tra Sacra Bibbia e miti*
Carlo Salvoni, *La Fonte*
Dante Chizzini, *Luci e ombre nei rapporti tra Viadana e Mantova – dalle Additiones agli Statuti (1430/1724)*
Marianna Maiorino, *Il canto dell'arcobaleno: La sinestesia*
Fabrizio Tassi, *Come il volo lontano degli uccelli nella pace della sera – Mistica domestica* di Fabrizio Tassi
Ferrante Bandera, *Diario di una breve stagione*
Sara Ascoli, *Cenerentola: L'inganno, l'anima e il Sang Real*
Mario Cattafesta, *Come bevevano gli antichi*
Lamberto Gherpelli, *Parma – I segreti e gli amori di una capitale*
Cesare Pirozzi, *Il segreto di Dante*
Michele Garini, *Arte e catechesi*
Emilio Reghenzi, *San Giuseppe – La vita nello spirito dello sposo di Maria*

Giuseppina Tratta – Susanna Migliorati, *Enneagramma in corso – Lezioni semplici per saggi principianti e nevrotici esperti*
Cesare Pirozzi, *La natura delle cose – Ciò che Platone sapeva ed Einstein non riuscì mai a capire*
Roberta Lugoli, *Tecniche di comunicazione efficace e PNL - Tra persuasione e manipolazione*

NIDABA – Collana di Filosofia

Luca Cremonesi, *La filosofia della natura nel* De incantationibus *di Pietro Pomponazzi*
Ivan Pozzoni (a cura di), *Frammenti di cultura del Novecento – Nietzsche, Vailati, Simmel, Schlick, Arendt, Zubiri, Bateson, Dell'Oro, Warburg, Dávila, Garin, Melandri raccontati da dodici filosofi contemporanei*
Primavera Fisogni, *Ontologia della speranza*

ANUNNAKI – Collana di Narrativa

Daniele Vazquez, *La comunità dei sogni*
Fausto Bertolini, *Telebordello – Storie da far rizzare l'antenna*
Silvia Peroni, *Cruciverbar*
Maurizio Ferrante Gonzaga, *Assalto al castello*
Mariarosaria Capaccio, *Il mare all'improvviso*
Luigi Schifitto, *L'uomo con lo zainetto*
Mauro Acquaroni, *Piccioni*
Carolina Giorgi, *La rosa di Ledmore Vale*
Anna Viale, *La camera celeste*
Ana Kramar, *Il ritorno – Storie migrabonde*
Angel Luís Galzerano, *Cronache sentimentali di un italiano a metà*
Floriano Rubiano Fila, *Appuntamento tra due anni*
Carla Menaldo, *Il re del tango*
Fausto Silva, *Il grande firlinfù*
Guido Manuli, *Lassù qualcuno mi ama?*
Adriano Bernasconi, *Omocrazia*

Sara Bellingeri, *Cartoline dal muro*
Stefano Iori, *La giovinezza di Shlomo*
Massimo Forte, *Peccato averla già consegnata*
Fausto Bertolini, *L'amore ai tempi del colesterolo*
Mauro Novellini, *Re infecta*
Michela Tafelli, *La stirpe di Zoltan*
Michela Tafelli, *I segreti di Zoltan*
Carla Magnani, *Acuto*
Mauro Acquaroni, *De La Tour*
Davide Rubini, *Il fischio finale*
Enrico Ratti, *Il taccuino dei dannati*
Leone di Candia, *Panama Caffè*
Antonio Della Rocca, *La bambina in rosso*
Augusto Bolther, *L'assedio di Asola, 1516 – La morte di Riccino Daina, 1522*
Marisa Pezzella, *Freddo fuoco bruciato*
Ruco Magnoli, *Sharon trova*
Lidia Masci, *Anno bisestile*
Angel Luís Galzerano, *Storie lunghe una canzone*
Carlo Salvoni, *Menamato – Storie di un cane a tre zampe*
Ruco Magnoli, *Sharon pesca*
Fausto Bertolini, *Il caso Satanas*
Mauro Novellini, *Nella legione di confine*
Otto, *Rêves*
Celine Finco, *Due razze*
Riccardo Bassi, *La nostra prima vera estate*
Giulia Deon, *Novelle in decrescendo*
Ruco Magnoli, *Sharon vola*
Maurizio Salva, *Omicidio in Cittadella*
Alessandra Perugini, *Blu oceano*
Francesco De Siena, *Le variazioni degli spiriti*
Carla Menaldo, *Rosastrega*
Alberto Costantini, *Le astronavi di Cesare*
Chiara Donà, *In ognuno di noi*
Erminio Giavini, *Con un capello biondo si può vincere il premio Nobel*
Genny Sabbadini, *Ovunque sei*

Alessia Moneta, *Dagli occhi di Alice*
Neronte, *La Vedova Grigia*
Antonella Presutti, *Nevica poco e male*
Alberto Sogliani, *Una squadra lunga dieci anni*
Florino Rubiano Fila, *Di veleno e di sogno*
Luca Bonaffini, *Eterni secondi*
Mauro Acquaroni, *L'Utile – à la recherche de –*
Emiliano Caiani, *Criminose illusioni – Delitti e destini –*
Luca Pipitone, *Papao*
Pierangela Rubes, *Donne in silenzio*
Augusto Bolther, *I racconti del sabato*
Marisa Gianotti, *La collana di Miràm*
Ruco Magnoli, *Sharon scia*
Ruco Magnoli, *Sharon protegge*
Luigi Schifitto, *Delitti di stagione*
Ruco Magnoli, *Sharon studia*
Lidia Masci, *Le ali di Alì*
Ruco Magnoli, *Sharon alleva*
Ruco Magnoli, *Sharon balnea*
Ruco Magnoli, *Sharon villeggia*
Ana Danca, *Patrie interiori*
Eliana Fusai, *Il tempo dell'anima*
Luca Ragazzini, *Le misturanze – Dormiveglia irlandese*
Nadia Bellini, *Un cancello a chiudere il vento*
Silvia Peroni, *Gatti, Stregatti e Aristogatti*
Sergio Rossi, *Una questione di naso*
Ruco Magnoli, *Sharon ritorna*
Ruco Magnoli, *Sharon suona*
Alessandro Gianesini, *La brigata della speranza*
Monica Ferraioli, *Cenerentola oggi calzerebbe il 41*
Guendalina Bosio, *Destinazione felicità*
Luca "Splash" Guarneri, *Sigla*
Maristella Bonomo, *Navel*
Fausto Bertolini, *Giulietta deve morire*
Riccardo Bassi, *Sognando Bologna*
Simone De Bernardin, *Lettere*

Paolo Pisi, *Il meccanico di Nuvolari e altri personaggi di genio*
Ilaria Arpella, *Le cronache dei Regni Perduti – Le Regine dei Regni Perduti*
Giorgio Corvi, *Il fiore dell'eternità*
Ruco Magnoli, *Sharon fiuta*
Ruco Magnoli, *Sharon nuota*
Raffaella Azzini, *Vento d'autunno*
Laura Coghi, *Innamorarsi del possibile*
Angel Luís Galzerano, *Naufraghi*
Elisabetta Baraldi, *Sono tornate le pecore*
Floriano Rubiano Fila, *Scritto in Nicaragua*
Aquilino, *Passione di Fedra*
Silvia Peroni, *Tutto in un mese*
Mauro Acquaroni, *Ho visto – J'ai vu*
Stefania Lamanna, *Il rimpianto perfetto*
Sergio Rossi, *La bella età*
Maria Giovanna Farina, *Non siamo solo cagnolini*
Ariel Shimona Edith Besozzi, *Qualcosa per cui correre*
Lina Calogera Alaimo, *Stella Fruttidoro*
Cornelia Campidelli, *L'ignoto capovolto*
Fausto Bertolini, *Gli omicidi del Colosseo*
Adriano Bernasconi, *Eterofobia*
Ruco Magnoli, *Sharon visita*
Ruco Magnoli, *Sharon sconfina*
Lorenzo Zani, *A. Strano*
Alice Cesarini, *Abraham*
Edoardo Francesco Taurino, *Ātman e Poesia*
Maria Renata Sasso, *La cardatrice*
Cristina Brutti, *Un cammino, il mio*
Nicola Calza, *L'eredità degli uomini*
Andrea Bucci, *La leggenda del dono di Taon*
Chiara Furlotti, *Lacrime d'inchiostro*
Martino Malgesini, *Morfina*
Marisa Gianotti, *Un giardino veneziano*
Franco Brighi, *Il giorno in cui morì Alejandro Jodorowsky*
Roberto Tondi, *Sulle ali*
Alberto Costantini, *La donna del tribuno - L'avvincente storia di una donna*

ai confini dell'Impero Romano di Alberto Costantini
Paola Azzoni, *La Piccola*
Jennifer Hamilton, *L'ultima ninfa*
Gabriella Paola Zurli, *La maison qui touche aux bois*
Luigi Randaccio, *I quesiti di novizio Calabrone*
Denise Ferri, *Senza te*
Claudia Melegari, *Di visione*
Claudia Mereu, *Il mondo a culo in susu – Quando l'amore non ti lascia morire in pace*
Ruco Magnoli, *Sharon rifiuta*
Ruco Magnoli, *Sharon esorcizza*
Claudio Fraccari, *Le spine della rosa – Commedia breve in prosa*
Francesca Bonetti, *Un mare d'amore*
Vivien Zinesi, *Sogni di carta*
Fabio Giagnoni, *Infernorama*
Fausto Bertolini, *Negli occhi delle donne – Vita sentimentale di Cartesio*
Ana Danca, *La voce del silenzio*
Maria Beatrice Bandera, *Banda bandera*
Antonino Moschella, *Il sarto di Zeus*
Emilio Salgari, *Il corsaro nero*
Fabrizio Ferloni, *Il mare di Cristobal*
Stefano Iori, *I semi dell'incanto. Racconti 1972 – 2020*
Massimo Petrilli, *Io sono colui che sono*
Massimo Baraldi, *Nagottville*
Alberto Costantini, *Donne ai confini dell'Impero*
Alessandro Gianesini, *Relazioni pericolose – Amori e altri disastri*
Marcello Tarozzi, *Le città dei sogni – Racconti del nostro tempo*
Vittorio Cicirata, *I tre demoni*
Giulia Elisabetta Bianchi, *Vite traverse*
Fausto Bertolini, *L'ultimo amore di Casanova*
Francesco Torreggiani, *Sentenze mortali*
Maria Renata Sasso, *I miei Balcani*
Anna Bertuccio, *L'isola delle donne volanti*
Antonio Badolato, *Quirinale: operazione Ultima spes*
Marcella Guidoni, *Il cammino delle oche selvatiche*
Cristina Danielis, *Nostalgia degli incontri*

Stefano Montruccoli, *L'ultimo assolo*
Emanuele Gualerzi, *Le false verità*
Alberto Costantini, *La schiava dei libri*
Franco Brighi, *Le parole sospese*

GEŠTINANNA – Narrativa classica

Italo Svevo, *L'assassinio di via Belpoggio*
Augusto De Angelis, *Sei donne e un libro*
Carolina Invernizio, *I misteri delle soffitte*
Giulio Piccini (Jarro), *L'assassinio nel vicolo della luna*
Edgar Wallace, *La porta dalle sette chiavi*
Marie Adelaide Belloc Lowndes, *La dama di compagnia*
Cesare Pavese, *La bella estate*
Augusto De Angelis, *Il canotto insanguinato*
Oscar Wilde, *Il ritratto di Dorian Gray*
Luigi Pirandello, *Uno, nessuno e centomila*

Made in United States
Troutdale, OR
11/03/2026

56847562R00094